FACHWISSEN FEUERWEHR

Demel/Linde

# BOS-DIGITALFUNK

2. Auflage 2024



ecomed
SICHERHEIT

**Bibliografische Informationen der deutschen Nationalbibliothek**
Die Deutsche Nationalbibliothek verzeichnet diese Publikation in der Deutschen Nationalbibliografie; detaillierte bibliografische Daten sind im Internet über http://www.dnb.de abrufbar.

Bei der Herstellung des Werkes haben wir uns zukunftsbewusst für umweltverträgliche und wiederverwertbare Materialien entschieden. Der Inhalt ist auf chlorfrei gebleichtes Papier gedruckt.

Aus Gründen der besseren Lesbarkeit wird in diesem Werk die Sprachform des generischen Maskulinums angewendet. Es wird darauf hingewiesen, dass die ausschließliche Verwendung der männlichen Form geschlechtsunabhängig zu sehen ist.

ISBN 978-3-609-69224-1

E-Mail: kundenservice@ecomed-storck.de

Telefon: 089/2183-7922
Telefax: 089/2183-7620

2. Auflage 2024



Nachweis der Titelbilder:
oben links: Airbus
oben rechts und unten rechts: Jessica Demel
unten links: Airbus, Motorola, Sepura



Satz: Fotosatz Pfeifer, 82152 Krailling
Druck: CPI books GmbH, 25917 Leck

# Vorwort

Die Anforderungen an die Einsatzkräfte haben sich im Laufe der letzten Jahre erheblich verändert. Genügten in der Vergangenheit oftmals die Kenntnisse der normalen Brandbekämpfung, müssen heute selbst kleinere Feuerwehren die unterschiedlichsten Gefahrenlagen meistern können, um in Not geratene Personen oder Tiere zu retten, Sachwerte zu erhalten und die Umwelt vor schädlichen Einwirkungen zu schützen.

Daher ist es erforderlich, dass alle Einsatzkräfte umfassend ausgebildet werden. Dabei ist jedoch zu berücksichtigen, dass diese Ausbildung von den meist ehrenamtlich tätigen Einsatzkräften zusätzlich zu den ebenfalls weiter steigenden Anforderungen in deren Berufsleben und den vielfältigen Verpflichtungen im privaten oder familiären Umfeld geleistet werden muss.

Das Ziel der Broschürenreihe „Fachwissen Feuerwehr“ besteht darin, die Angehörigen der BOS mit dem notwendigen Wissen auszustatten, das in der heutigen Zeit erforderlich ist, um aufgabengerecht und wirkungsvoll tätig zu werden. Die Funktionsbezeichnungen und personenbezogenen Begriffe gelten sowohl für weibliche als auch für männliche Angehörige der BOS.

Der Digitalfunk ist bei den Behörden und Organisationen mit Sicherheitsaufgaben (BOS) mittlerweile angekommen. Anfang der 2000er-Jahre erfolgte der Zuschlag für einen Systemlieferanten. 2013 konnte das TETRA-Kernnetz in Betrieb genommen werden. Sukzessiv wird seitdem das TETRA-Netz weiter ausgebaut und gehärtet, sodass bundesweit mehr als 5.000 Basisstationen mehr als 99 % der Fläche von Deutschland versorgen.

Der Ruf nach Nutzung von breitbandiger Anwendung wächst. Es wird immer wieder kritisiert, dass TETRA keine Dienste hierfür bereitstellt. Es sollte jedoch nicht vergessen werden, weshalb der Digitalfunk eingeführt wurde. Ziel war es in den 1990er-Jahren ein einheitliches Kommunikationssystem entstehen zu lassen. Es sollten die meist einzelnen lokalen sehr unterschiedlich ausgebauten analogen Sprechfunknetze ersetzt werden. Der Fokus lag und liegt im jetzigen TETRA-System weiterhin auf dem Sprechfunk, auch wenn der Bund sich bemüht, seit Ende der 2010er-Jahre auch das Thema Breitband nach vorne zu treiben.

Die effektive Nutzung der vielfältigen Möglichkeiten des TETRA-Netzes setzt voraus, dass alle Beteiligten den Umgang und besonders die Möglichkeiten mit diesem leistungsfähigen Funksystem kennenlernen und dann auch sicher beherrschen – insbesondere vor dem Hintergrund, dass die Nutzung später oft unter erschwerten Bedingungen beziehungsweise unter Stress erfolgen muss.

Diese Broschüre richtet sich an den normalen Nutzer im TETRA-Netz. Dieser soll damit ein prinzipielles Systemverständnis des TETRA-Systems erlangen. Nicht alle in dieser Broschüre genannten Möglichkeiten des TETRA-Systems werden seit Betriebsbeginn bei der BOS genutzt. Vielmehr wird oftmals noch probiert, das veraltete analoge 2-m-Wissen und 4-m-Wissen auf den Digitalfunk anzuwenden. Dieses Buch soll auch Mut machen, die vorhandene Technologie besser zu verstehen und auch ohne Breitbandoption den digitalen Sprechfunk effektiver und besser nutzen zu können.

Auf die Vermittlung technisch tiefergehender Details, die für die gewöhnliche Nutzung nicht von Bedeutung sind, wird bewusst verzichtet.

In Gedenken an Christof Linde († 2014), ein Pionier um das Wissen des Digitalfunks in Deutschland und Mitautor der ersten Auflage.

Neu-Eichenberg, im Juli 2024 Jan Tino Demel

# Inhalt

# 1 Einleitung

Die Behörden und Organisationen mit Sicherheitsaufgaben (BOS) in Deutschland wie Polizei, Feuerwehr und Hilfsorganisationen haben seit vielen Jahren mit einem analogen Funknetz erfolgreich zusammengearbeitet. Im Rahmen eines immer weiter zusammenwachsenden Europas stellte sich in den 1990er-Jahren auch die Frage, inwieweit die Kommunikation der einzelnen BOS der unterschiedlichen EU-Staaten miteinander über Funk gewährleistet wird. Dabei stellte sich heraus, dass die nationalen Behördenfunknetze in der EU nicht miteinander kompatibel sind. Es war daher erforderlich, im Sinne der Sicherheit der Bürger in Europa, ein effektives einheitliches Funksystem zu schaffen. Da die derzeit am Markt verfügbaren Technologien für ein modernes Behördenfunknetz nicht mehr dem Stand der Technik entsprachen, entschloss man sich, auf der Ebene der Europäischen Gemeinschaft, ein neues, speziell an die Aufgaben der BOS angepasstes System zu entwickeln.

Der Auftrag ging daher an das europäische Gremium für Fernmeldenormen (ETSI), ein derartiges System zu definieren. Nachdem die Anforderungen an das neue Behördenfunknetz festgelegt waren, entschied man sich, ein bereits erfolgreich eingeführtes digitales Funksystem auf die Bedürfnisse der BOS zu erweitern. Grundlage des neuen Funknetzes war daher die Technik des damaligen Mobilfunknetzes (GSM). Dieses System stellt ein optimales Netz für die Verbindung zwischen zwei Mobilfunkpartnern (Punkt-zu-Punktverbindung) zur Verfügung. Dagegen ist es mit dieser Technik nicht möglich, eine Verbindung zwischen mehreren Gesprächsteilnehmern (Punkt-zu-Mehrpunktverbindung) einzurichten, wie es derzeit bei der Kommunikation der Behörden und Organisationen mit Sicherheitsaufgaben im analogen Sprechfunk möglich und üblich war. Es war daher eine wesentliche Aufgabe, die Möglichkeit für eine derartige Punkt-zu-Mehrpunktverbindung zu schaffen.

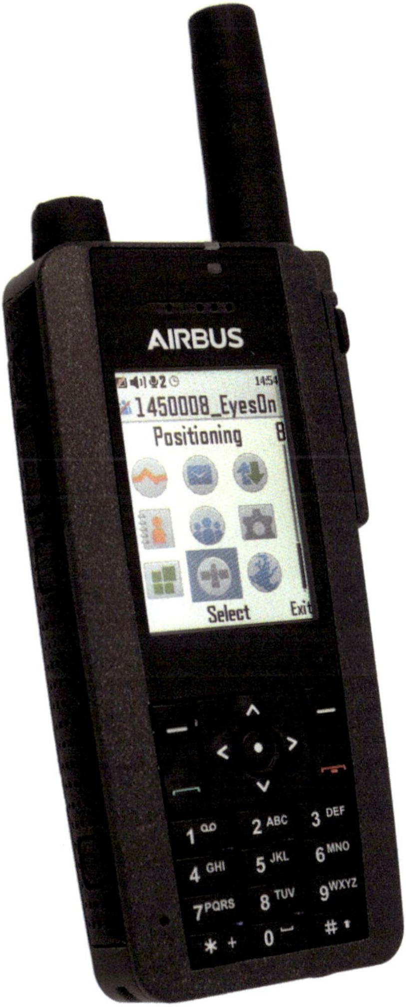


**Abbildung 1:** TETRA-Funkgerät (Quelle: Airbus)

Am Ende der Normungstätigkeit der ETSI stand daher das Behördenfunksystem TETRA 25. Das Kürzel TETRA stand ursprünglich für „Trans European Trunked Radio", was übersetzt etwa für „europaweites Bündelfunknetz" steht. Dies wurde dann aber später aus verkaufstechnischen Gründen in „Terrestrial Trunked Radio" umbenannt. Dieses Kürzel kann man etwa mit „landgebundenes Bündelfunknetz" übersetzen.

Wesentliche Leistungsmerkmale dieses Netzes sind:

- Punkt-zu-Punkt-Kommunikation
- Punkt-zu-Mehrpunkt-Kommunikation
- Verschlüsselung der Luftschnittstelle
- Automatische Teilnehmeridentifikation
- Kurze Rufaufbauzeiten
- Integriertes FMS-System
- Möglichkeit zur Kurztextübertragung (vergleichbar SMS-System)
- Möglichkeit zur Datenübertragung

Auf der Basis der vorhandenen ETSI-Spezifikationen haben unterschiedliche Systemhersteller entsprechende Hardware zum Aufbau von TETRA-Netzen entwickelt. Neben dieser begrenzten Anzahl von System-Hardwarelieferanten hat sich inzwischen eine umfangreiche Anzahl von Herstellern mit der Entwicklung von Endgeräten (Funkgeräten) beschäftigt. Daher steht den deutschen Behörden und Organisationen mit Sicherheitsaufgaben eine große Bandbreite möglicher Endgeräte zur Verfügung. Grundsätzlich kann in einem TETRA-Netz jedes den ETSI-Spezifikationen konforme TETRA-Endgerät eingesetzt werden.

Da die deutschen BOS von der in der ETSI-Spezifikation vorgesehenen Zusatzmöglichkeit einer sogenannten Ende-zu-Ende-Verschlüsselung Gebrauch machen, können die deutschen Sicherheitsbehörden nur Funkgeräte einsetzen, die über eine Möglichkeit zur Ende-zu-Ende-Verschlüsselung verfügen. Durch diese zusätzlichen Leistungsmerkmale wird die Zahl der möglichen nutzbaren Endgeräte erheblich eingeschränkt.

# 2 Funkgeräte

## 2.1 Aufbau eines Digitalfunkgeräts

Aufgrund der Tatsache, dass die TETRA-Technik auf der Basis der bekannten GSM-Mobilfunktechnologie entwickelt worden ist, sind bei TETRA-Funkgeräten viele Parallelen zu herkömmlichen GSM-Mobilfunkgeräten zu erkennen.

**Abbildung 2:** Elemente Handfunkgerät (Quelle: Selectric)

Auf den ersten Blick verfügt ein TETRA-Funkgerät über eine Tastaturbedienung, die mit herkömmlichen Mobiltelefonen (Handys) bis zu den 2010er-Jahren vergleichbar waren. Zum einen findet sich ein Zehnertastaturblock sowie zusätzliche Menü-/Navigationstasten. Zusätzlich verfügt ein TETRA-Funkgerät über einen separaten Lautstärkeregler sowie den sogenannten Gruppenwahlschalter. Ebenso verfügt das Gerät über eine Sendetaste. Diese Bedienelemente sind von herkömmlichen analogen Funkgeräten bekannt. Die Kombination dieser Bedienelemente macht deutlich, dass es sich bei einem TETRA-Endgerät um eine Kombination aus Mobiltelefon (Handy) und klassischem Funkgerät handelt.

## 2.2 Bedienung eines Digitalfunkgeräts

Das TETRA-Endgerät wird abhängig vom Typ entweder über eine separate Einschalttaste oder über eine Kombination aus Lautstärkeregler und Einschalter in Betrieb genommen. Nach dem Einschalten erfolgt zunächst die aus dem GSM-Mobilfunk bekannte Einbuchungsprozedur. Optional ist es auch möglich, dass das Funkgerät über einen entsprechenden Eingabebildschirm zur Eingabe einer PIN-Nummer auffordert. Diese Option ist in der Regel im Bereich der BOS deaktiviert.

**Abbildung 3:**
PIN-Eingabe

**Abbildung 4:**
Gerätebegrüßungsbildschirm

**Abbildung 5:**
Anzeige Betriebsgruppe

Das Funkgerät befindet sich jetzt im Funkmodus, wobei eine zuvor festgelegte, im Funkgerät fest einprogrammierte Gruppe (statische Gruppe) automatisch angewählt wird. Im Unterschied zu herkömmlichen analogen Funkgeräten wird in digitalen Funknetzen, wie dem TETRA-Netz, nicht mit festen Frequenzen, sondern mit sogenannten Gruppen gearbeitet. Bei einer TETRA-Gruppe handelt es sich um eine definierte Gruppe von TETRA-Funkgeräten, die gemeinsam – vergleichbar einem analogen Funkkanal – miteinander durch einfaches Drücken der Sendetaste am Funkgerät kommunizieren können.

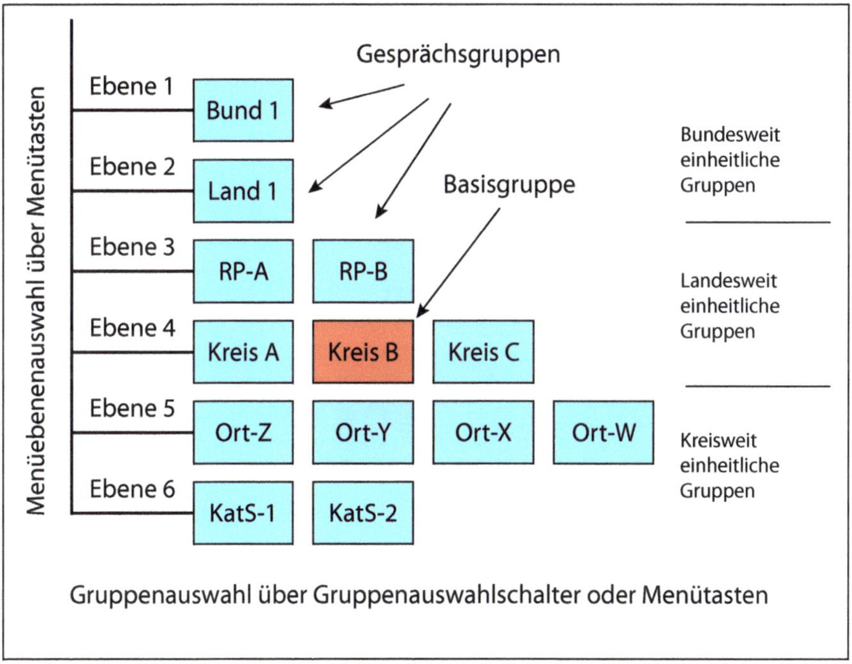


**Abbildung 6:** Menü – Gruppenauswahl (Quelle: Linde/Demel)

Ob ein Funkgerät in einer bestimmten Gruppe kommunizieren kann und darf, ist davon abhängig, ob die Berechtigung zur Kommunikation in dieser Gruppe im Funkgerät einprogrammiert ist. Das heißt, jedes Funkgerät enthält eine vor Ausgabe des Funkgeräts einprogrammierte Liste von unterschiedlichen Gruppen. In der nachfolgenden Abbildung ist ein Muster einer derartigen Gruppenprogrammierung – man spricht in diesem Zusammenhang auch von einem sogenannten „Fleetmapping" – dargestellt. Es handelt sich hierbei um ein fiktives Programmierschema, welches von Bundesland zu Bundesland sowie von BOS-Organisation zu BOS-Organisation unterschiedlich ausfallen kann. Das dargestellte Programmierschema dient lediglich der prinzipiellen Darstellung, die grundsätzlichen Programmierprinzipien werden sich aber in den einzelnen realen Fleetmappings wiedererkennen lassen.

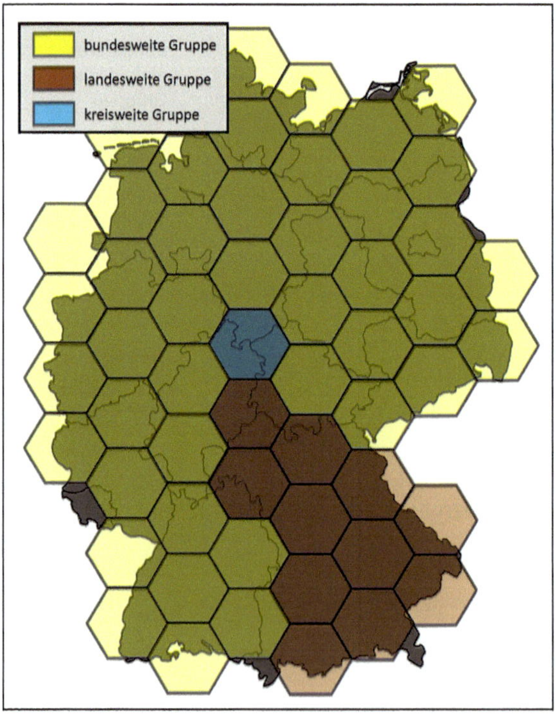


**Abbildung 7:**
Gruppengrößen
(Quelle: Demel)

Grundsätzlich unterscheidet man bei verschiedenen Gruppen die regionale Erreichbarkeit. Die Bereiche des Netzes, in denen eine bestimmte Gruppe über Funk erreichbar ist, wird als sogenannte „Gruppenrufzone“ bezeichnet. Das TETRA-Netz der Behörden und Organisationen mit Sicherheitsaufgaben in Deutschland ist ein bundesweites Netz. Das heißt, ein Funkgerät ist nicht wie heute, je nach gewählter Frequenz, in einem bestimmten Bereich erreichbar, sondern kann vom Prinzip her bundesweit angesprochen werden. Je nach gewählter Gruppe ist die Möglichkeit des Teilnehmers, innerhalb einer bestimmten Region in dieser Gruppe mit anderen Gruppenmitgliedern zu kommunizieren, begrenzt. Man unterscheidet bei den Gruppen unterschiedliche Gruppenrufzonen. Im Wesentlichen sind dies bundesweite Gruppen, landesweite Gruppen sowie regional begrenzte Gruppen.

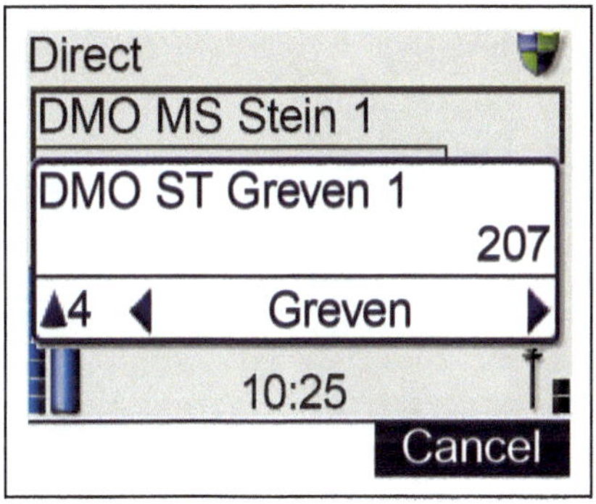


**Abbildung 8:**
Anzeige – DMO Gruppe (Quelle: Linde/Demel)

Einer dieser Gruppen aus dem Fleetmapping wird im Rahmen der Endgeräte-Konfigurierung vor Ausgabe des Geräts als sogenannte „Basisgruppe“ fest einprogrammiert. Das heißt, beim Einschalten des Geräts im Funkmodus wird diese Gruppe automatisch ausgewählt. Die Auswahl der Basisgruppe erfolgt nach taktischen Gesichtspunkten und ist grundsätzlich frei zu gestalten. Die Konfiguration der einzelnen Gruppen im Funkgerät wird zweckmäßigerweise auf unterschiedliche Menüebenen verteilt. Sinnvollerweise werden in einer Menüebene taktisch zusammengehörige Gruppen zusammengefasst.

Die dabei in einer Menüebene zusammengefasste Auswahl von Gruppen ist beliebig wählbar. Sinnvoll ist zum Beispiel die Unterscheidung nach Erreichbarkeit (bundesweit, landesweit oder regional), wie in Abbildung 7 dargestellt. Grundsätzlich ist aber auch jede andere Aufteilung in unterschiedlichen Menüebenen denkbar. Die Anwahl der einzelnen Menüebene erfolgt hier je nach Gerätetyp über die Menü-Auswahltasten mit der Tastatur. Innerhalb einer Menüebene erfolgt die Auswahl der einzelnen Gruppe entweder über eine Menütaste oder über den oben erwähnten Gruppenwahlschalter. Die Verwendung des Gruppenwahlschalters ist insbesondere bei der Bedienung des Funkgeräts mit Handschuhen vorzuziehen.

**Abbildung 9:** Basisstation – 1. Generation (Quelle: Kruthoff)

Handelt es sich bei der Basisgruppe, die beim Einschalten des Funkgeräts automatisch ausgewählt wird, um die derzeit taktisch gewünschte Gruppe, so kann durch einfaches Drücken der Sendetaste mit den anderen Gruppenmitgliedern Kontakt aufgenommen werden. Voraussetzung ist selbstverständlich, dass die Funkgeräte der anderen Gruppenmitglieder ebenfalls eingeschaltet sind und dieselbe Gruppe gewählt haben.

Von der Bedienung herkömmlicher Analog-Funkgeräte ist der Nutzer gewohnt, unmittelbar nach Drücken der Sendetaste mit der Kommunikation beginnen zu können. Aufgrund der Technik sogenannter zellulärer digitaler Bündelfunknetze, wie das TETRA-Netz eines darstellt, ist dies so nicht möglich.

Ziel eines zellulären Bündelfunknetzes ist es, die vorhandenen Funkkanäle optimal zu nutzen. Das heißt, die im Bereich einer Funkzelle verfügbaren Kommunikationskanäle (meist Sprachkanäle) werden den Teilnehmern erst bei Bedarf zugeteilt. Ein zelluläres Bündelfunknetz besteht aus einem geschlossenen Netz einzelner Zellen, die jeweils von einer zentralen Basisstation funkmäßig versorgt werden. Je nach Standort des Funkgeräts bucht sich dieses im Rahmen der oben beschriebenen Einbuchungsprozedur in die dem Funkgerät nächstgelegene Funkzelle, das heißt in der zur Funkzelle gehörenden Basisstation, ein. Diese Basisstationen sind untereinander vernetzt.

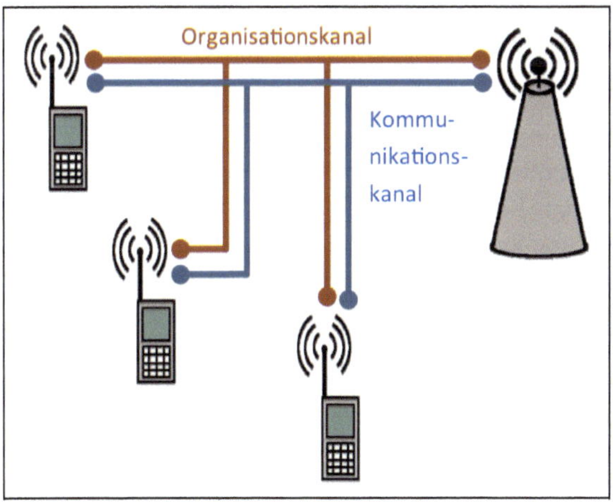


**Abbildung 10:**
Bündelfunk
(Quelle: Demel)

Die Tatsache, dass ein Funkgerät in einer Zelle (beziehungsweise der zugehörigen Basisstation) eingebucht ist, heißt noch nicht, dass den einzelnen Funkgeräten ein Kommunikationskanal zugewiesen ist. Für das Einbuchen eines Funkgeräts in eine Zelle wird kein Kommunikationskanal verwendet, sondern ein spezieller sogenannter Organisationskanal. Dieser Organisationskanal dient dem Austausch von Steuerungsinformationen zwischen Basisstation und Funkgerät beziehungsweise umgekehrt. Dabei nutzen alle in einer Zelle eingebuchten Funkgeräte diesen Organisationskanal. Das heißt, eine Basisstation mit einem Frequenzpaar verfügt immer über mindestes einen Organisationskanal und maximal drei Kommunikationskanäle. Je nach Ausbaustufe einer Basisstation stehen z.B. bei einer Niedrigkapazitätsfunkzelle (NKFZ) mindestens sieben Kommunikationskanäle oder bei einer Hochkapazitätsfunkzelle (HKFZ) mindestens 15 Kommunikationskanäle zur Verfügung.

Das Drücken der Sendetaste bewirkt, dass das Funkgerät bei der Basisstation einen freien Kommunikationskanal anfordert. Parallel zur Anforderung eines Sendekanals für das sendende Funkgerät wird vom Netz allen anderen eingebuchten Funkgeräten, die ebenfalls dieselbe Gesprächsgruppe an ihrem Funkgerät gewählt haben, ein entsprechender Empfangskanal zugewiesen. Die jeweilige Kanalzuweisung erfolgt verständlicherweise an der jeweiligen Basisstation, in der das Funkgerät zu diesem Zeitpunkt eingebucht ist.

Ist der Vorgang der Zuweisung der jeweiligen Kanäle zu dem sendenden beziehungsweise den empfangenden Geräten erfolgreich durchgeführt worden, so wird dies am anfordernden Gerät durch ein entsprechendes akustisches/optisches Signal angezeigt. Bei den empfangenden Geräten der Gruppe wird gleichzeitig der Lautsprecher freigeschaltet sowie der Funkrufname (operativ-taktische Adresse; OPTA) des sendenden Funkgeräts im Display angezeigt. Diesen Vorgang bezeichnet man als Gesprächsaufbau. Ein solcher Aufbau dauert bis zu 250 Millisekunden.

Das Loslassen der Sendetaste bewirkt einen Abbau der Verbindung und die Freigabe der Kommunikationskanäle, welche dann anderen Gruppen wieder zur Verfügung stehen. Dieses dynamische Zuweisungsverfahren ist äußerst frequenzökonomisch und wird als Bündelfunk bezeichnet.

**Zusammenfassung:** Mehrere Funkgeräte können im digitalen BOS-Funk nur miteinander kommunizieren, wenn sie in der gleichen Gruppe eingebucht sind. Neben einer Standardgruppe, in die jedes Funkgerät nach erfolgreichem Einbuchen in das Netz automatisch geschaltet wird, verfügt ein Funkgerät über die Möglichkeit, weitere, zuvor in das Funkgerät einprogrammierte Gruppen zu schalten. Abhängig von der für eine Gruppe vorgesehenen taktischen Verwendung unterscheidet man Gruppen mit bundesweiter, landesweiter und regionaler Erreichbarkeit. Das heißt, hat ein Funkgerät eine landesweit versorgte Gruppe geschaltet und verlässt sein Bundesland, so ist das Funkgerät im Netz für die übrigen Gruppenmitglieder nicht mehr erreichbar.

Im Gegensatz zum analogen Sprechfunk wird beim digitalen TETRA-Netz einem Funkgerät ein spezifischer Kommunikationskanal erst zugewiesen, wenn der Benutzer durch Drücken der Sendetaste dem Netz seinen Sprechwunsch signalisiert. Daraufhin wird vom Netz allen Funkgeräten, welche der gleichen Gruppe angehören wie das anfordernde Sprechfunkgerät, jeweils von der Basisstation, in die sie aktuell eingebucht sind, ein Kommunikationskanal zugewiesen. Dieser Vorgang wird als Rufaufbau bezeichnet und benötigt bis zu 250 Millisekunden. Nach erfolgtem Rufaufbau wird dem anfordernden Funkgerät optisch und akustisch der erfolgreiche Aufbau eines Funkkanals zu den übrigen Gruppenmitgliedern angezeigt, sodass mit der Kommunikation begonnen werden kann. Dieses Verfahren bewirkt einen äußerst ressourcenschonenden Einsatz der vorhandenen Kommunikationskanäle.

## 2.3 Selbstkontrolle und Testfragen

(Lösungen siehe Seite 108)

**1. Welche Eingaben sind nach Einschalten des Funkgeräts in der Regel erforderlich, um das Funkgerät betriebsbereit zu machen?**

a) Es sind keine Eingaben erforderlich, das Gerät ist nach dem Einschalten sofort betriebsbereit.
b) Eine PIN-Nummer ist in der Regel bei den BOS nicht erforderlich. Das Gerät ist nach dem Einschalten und dem automatischen Einbuchungsvorgang betriebsbereit.
c) In der Regel muss sich der Nutzer durch Eingabe einer PIN-Nummer identifizieren und die Frequenz des Organisationskanals der nächstgelegenen Basisstation eingeben.

**2. Wie wird in einem TETRA-Netz festgelegt, welche Funkgeräte miteinander kommunizieren dürfen?**

a) Alle Funkgeräte, die die gleiche Frequenz eingestellt haben, können miteinander funken.
b) Die Funkgeräte, die die gleiche Gruppe eingestellt haben, können miteinander funken.
c) Die Funkgeräte, die die gleiche Gruppe eingestellt haben und sich im Versorgungsbereich der Gruppe (Gruppenrufzone) aufhalten, können miteinander funken.

**3. Sind alle Kommunikationsgruppen bundesweit erreichbar?**

a) Ja, alle Kommunikationsgruppen können bundesweit miteinander kommunizieren.
b) Nein, für jede Kommunikationsgruppe ist ein Versorgungsgebiet (Gruppenrufzone) festgelegt, nur in diesem sind die Gruppen erreichbar.
c) Für unterschiedliche Kommunikationsgruppen sind unterschiedliche große Versorgungsgebiete festgelegt, teilweise ist dabei auch eine bundesweite Versorgung möglich.

**4. Kann in einem zellulären Netz unmittelbar nach Drücken der Sendetaste mit der Sprachübertragung begonnen werden?**

a) Ja, wie bisher kann unmittelbar nach Drücken der Sendetaste mit der Sprachübertragung begonnen werden.
b) Nein, vor Beginn der Sprachübertragung muss zunächst das Freigabesignal abgewartet werden.

**5. Kann sich jedes Funkgerät in jeder Gruppe einschalten?**

a) Ja, durch Eingabe des Gruppennamens beziehungsweise der Gruppennummer über die Tastatur kann sich jedes Funkgerät in jede Gruppe einschalten.
b) Nein, ein Funkgerät kann nur in den Gruppen kommunizieren, die zuvor in das Funkgerät in Form eines Fleetmapping konfiguriert wurden.
c) Fahrzeugfunkgeräte können sich in jeder Gruppe einschalten, Handfunkgeräte können nur bestimmte Einsatzstellenfunkgruppen auswählen.

# 3 Gruppenkommunikation

Die in Kapitel 2 beschriebene Art der Nutzung des Funkgeräte bezeichnet man als Gruppenkommunikation. Bei der Gruppenkommunikation findet das Funkgespräch zwischen einem Sender und mehreren Empfängern statt. Man spricht von einer Punkt-zu-Mehrpunkt-Kommunikation. Zur Durchführung dieser Art der Kommunikation ist es Voraussetzung, dass die entsprechenden Gruppen in den teilnehmenden Funkgeräten konfiguriert sind. Durch das Merkmal der Gruppenkommunikation ist gewährleistet, dass nur Endgeräte, welche die jeweilige Gruppe eingeschaltet haben, an der Kommunikation teilnehmen können. Auf diesem Wege wird ein unbeabsichtigtes und unberechtigtes Mithören fremder Gesprächsgruppen verhindert. Im Funknetz werden Gesprächsgruppen durch Zuweisung einer eindeutigen Gruppennummer identifiziert. Um dem Nutzer eine bessere Zuordnung der einzelnen Gruppen zu ermöglichen, wird parallel zur Gruppennummer eine Gruppenbezeichnung aus alphanumerischen Zeichen vergeben. So kann beispielsweise die Gruppe, die auf Kreisebene für Gefahrguteinsätze vorgesehen ist, die Nummer 11.344 haben. Eine solche Nummer ist für den Anwender relativ schwer zu merken, daher wird der Gruppe parallel der Name „Gefahrguteinsatz 1“ zugewiesen. Im jeweiligen Gruppenauswahlmenü des Funkgeräts wird daher auch nicht die Gruppennummer, sondern der Gruppenname angezeigt. Damit wird eine taktische Zuordnung bestimmter Gruppen zu bestimmten Einsätzen wesentlich vereinfacht.

Je nach BOS-Zugehörigkeit, Bundesland oder besonderer Verwendung können in einem Funkgerät unterschiedliche Gruppen programmiert sein. Dieses sogenannte Fleetmapping richtet sich nach der Notwendigkeit, dass der Nutzer im Rahmen seiner taktischen Notwendigkeiten auf unterschiedliche Gruppen schalten können muss. Aufgrund der taktischen und rechtlichen Anforderungen wird bei der Definition von Gruppen unterschieden in Gruppen nur für die polizeiliche sowie die nichtpolizeiliche BOS. Gruppen für die polizeiliche BOS können von Funkgeräten der nichtpolizeilichen BOS in der Regel nicht geschaltet werden. Umgekehrt gilt dies ebenfalls. Aus diesem Grunde wurden die sogenannten Zusammenarbeitsgruppen definiert.

Diese Zusammenarbeitsgruppen können sowohl von der nichtpolizeilichen als auch von der polizeilichen BOS genutzt werden. Das heißt, nur über diese globalen Gruppen ist im TETRA-Netz eine Kommunikation zwischen polizeilicher und nichtpolizeilicher BOS möglich.

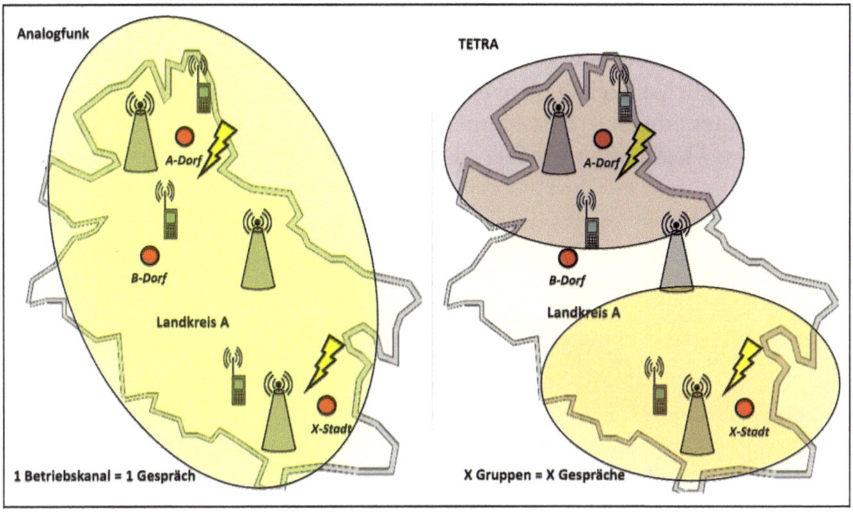


**Abbildung 11:** Gegenüberstellung Analogfunk/TETRA-Funk (Quelle: Demel)

## 3.1 Statische Gruppen

Durch die Notwendigkeit, Gruppen vor ihrer Nutzung im Funkgerät fest konfigurieren zu müssen, setzt das Fleetmapping eine umfangreiche Planung voraus. Man spricht daher auch von sogenannten statischen Gruppen, da diese fest, das heißt statisch, vorgegeben sind. Hat ein Funkgerät eine Gruppe nicht konfiguriert, so kann sie diese im Gegensatz zu damaligen analogen BOS-Funkgeräten nicht schalten. Ein Abhören oder Besprechen der jeweiligen anderen Gruppen ist ausgeschlossen.

Im TETRA-Netz stehen mehrere tausend mögliche Gruppen zur Verfügung. Diese Anzahl muss unter allen Bedarfsträgern zugeteilt werden. Damit ergibt sich zwangsläufig, dass für die einzelnen BOS nur eine begrenzte Anzahl von Gruppen zur Verfügung steht. Das heißt, bei der Festlegung des Fleetmappings sollte die Zahl der maximal benötigten Gruppen nicht unnötig ausgeweitet werden. Dies gilt insbesondere auch vor dem Hintergrund, dass die Zahl der maximal in einem Funkgerät zu speichernden Gruppen vergleichsweise groß ist, wodurch bei dem Einzelnen der Wunsch geweckt werden könnte, möglichst viele Gruppen einzurichten, um damit alle taktischen Eventualitäten, die auftreten können, abdecken zu können. Zudem trägt ein ausuferndes Fleetmapping sicher nicht zur leichteren Bedienbarkeit des Systems bei.

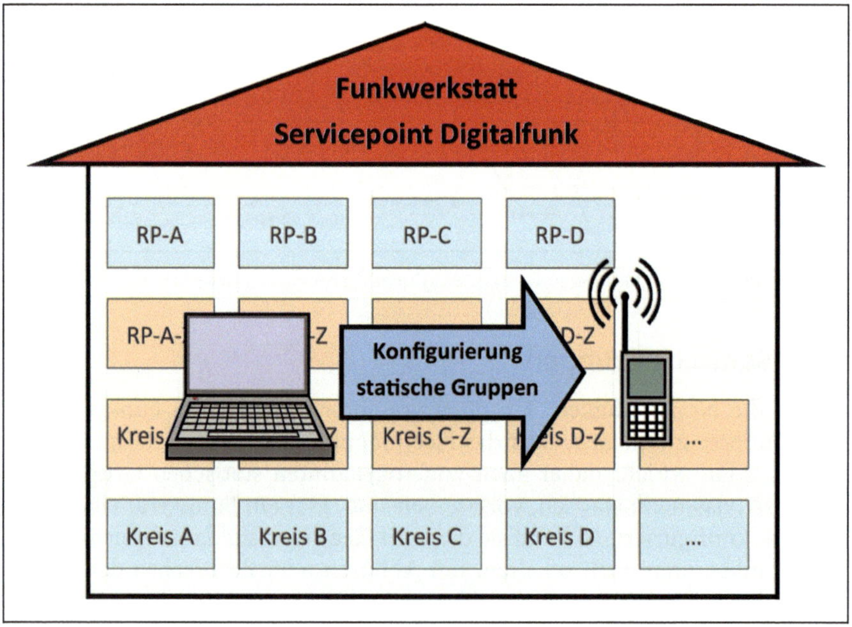


**Abbildung 12:** Konfigurierung statischer Gruppen (Quelle: Demel)

Die beiden Muster-Fleetmappings *(siehe Abbildungen 14 und 15)* sollen das Prinzip der statischen Gruppen weiter verdeutlichen. Die Gruppen, die in einer Reihe angeordnet sind, stellen eine Menüebene im Funkgerät dar. Das heißt, das Einwählen einer solchen Ebene erfolgt über die entsprechende Menübedientastatur. Innerhalb einer solchen Ebene kann entweder über die Tastatur oder über den gegebenenfalls am Funkgerät vorhandenen Gruppenwahlschalter die jeweilige Gruppe angewählt werden.

Wie zu sehen, verfügt das Fleetmapping der nichtpolizeilichen BOS im Wesentlichen über Gruppen, die ausschließlich der nichtpolizeilichen BOS zugehörig sind. Daneben sind auch Gruppen dargestellt, die als sogenannte Zusammenarbeitsgruppen sowohl von der polizeilichen wie auch von der nicht polizeilichen BOS angesprochen werden können. Diese für die Zusammenarbeit der unterschiedlichen BOS gedachten Zusammenarbeitsgruppen sind hier zum besseren Verständnis mit dem kleinen Buchstaben „z“ am Ende gekennzeichnet. Die einzelnen Gruppen sind nicht mit ihrer eindeutigen Gruppennummer im Diagramm wiedergegeben, sondern mit ihrem Klartextnamen. Der Klartextname dient ausschließlich der besseren Handhabbarkeit und ist nicht geeignet zur eindeutigen Unterscheidung einzelner Gruppen. Wie aus den Diagrammen ersichtlich, gibt es sowohl im nichtpolizeilichen wie auch im polizeilichen Fleetmapping Gruppen gleichen Namens. Aufgrund der Tatsache, dass es sich einmal um Gruppen in der nichtpolizeilichen BOS handelt und einmal um Gruppen in der polizeilichen BOS, sind diese Gruppen trotz Namensgleichheit nicht identisch. Das heißt, die Gruppen haben zwar denselben Aliasnamen, aber unterschiedliche Gruppennummern. Dies ist möglich, da der Gruppenname beliebig gewählt werden kann. Damit ist es ohne weiteres möglich, unterschiedliche Gruppen mit dem gleichen Klartextnamen einzurichten.

Proprietär ist es möglich, statische Gruppen durch einen Steuerbefehl an das Endgerät aus der Ferne durch eine berechtigte Stelle (z.B. Leitstelle) automatisch umzuschalten. Dieses Verfahren ist abhängig von der jeweiligen Umsetzung der einzelnen Endgerätehersteller, der einzelnen Konfiguration der Endgeräte und kann sich zudem durch verschiedene Softwarestände der Endgeräte unterscheiden. Von diesem Verfahren wird abgeraten und es sollten hierzu besser dynamische Gruppen verwendet werden.

## 3.2 Dynamische Gruppen

Das System der statischen Gruppen ist selbst bei akribischer vorheriger Planung nicht in der Lage, für alle taktischen Eventualitäten jedes Funkgerät mit allen erforderlichen Gruppen zu versehen. Wollte man diesem Risiko aus dem Wege gehen, müsste in jedem Funkgerät jede statische Gruppe einprogrammiert werden, die bundesweit verfügbar ist. Dies ist weder praktisch noch besonders sinnvoll. Würde jedes Funkgerät mit jeder vorhandenen Gruppe programmiert, so könnte auch von jedem Funkgerät jede Gruppe geschaltet und damit abgehört werden. Ein wesentliches Ziel, das mit der Einführung des digitalen BOS-Funknetzes erreicht werden soll, ist jedoch durch Begrenzung der von einem Funkgerät zu schaltenden Gruppen ein gewisses Maß an Datenschutz innerhalb der BOS zu ermöglichen.

Es wurde daher im TETRA-Standard neben den statischen Gruppen auch die Möglichkeit der Bildung sogenannter dynamischer Gruppen geschaffen.

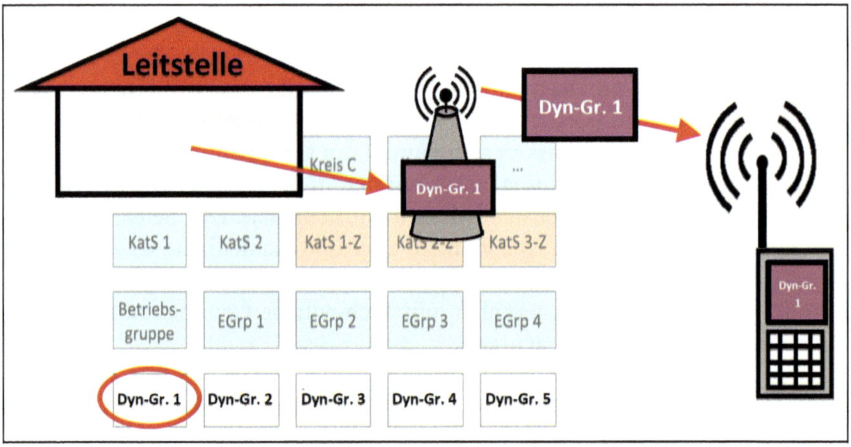


**Abbildung 13:** Übertragung dynamischer Gruppen (DGNA) (Quelle: Demel)

Im Funknetz selbst wird technisch zwischen einer dynamischen und einer statischen Gruppe kein Unterschied gemacht. Der Unterschied liegt ausschließlich in der Art und Weise, mit der eine dynamische Gruppe einem bestimmten

Funkgerät zugeteilt wird. Die Zuweisung – also die Konfiguration – einer dynamischen Gruppe zu einem Funkgerät kann während des laufenden Betriebs dynamisch erfolgen. Dabei kann ein Klartextname dieser Gruppe frei vergeben werden. Dieses Verfahren wird als Dynamische Gruppennummernzuordnung (Dynamic Group Number Assignment – kurz DGNA) bezeichnet. Das heißt, über Funk (Luftschnittstelle) werden die erforderlichen Konfigurationsdaten dem ausgewählten Funkgerät oder einer bestimmten Gruppe von Funkgeräten zugeteilt und auch automatisch geschaltet. Nach dieser Zuteilung unterscheidet sich die dynamische Gruppe von der statischen Gruppe für den Endgerätenutzer nur darin, dass eine dynamische Gruppe in einem speziell dafür vorgesehenen Untermenü abgelegt wird. Nach Anwählen des jeweiligen Menüs kann eine dynamische Gruppe vom Endgerätenutzer genauso an- und abgewählt werden wie eine fest im Funkgerät programmierte statische Gruppe.

**Hinweis:** Für die Leitstelle besteht jederzeit die Möglichkeit festzustellen, in welcher Gruppe sich ein bestimmtes, im Netz eingebuchtes, Funkgerät aktuell befindet. Das heißt, ein eingebuchtes Gerät ist jederzeit für die Leitstelle zu erreichen.

Ebenso wie die Zuteilung einer dynamischen Gruppe über Funk kann auch der Entzug, das heißt, das Löschen einer dynamischen Gruppe aus dem Funkgerät, per Funk erfolgen.

Damit stellt das Leistungsmerkmal der dynamischen Gruppenbildung ein wichtiges taktisches Mittel im TETRA-Netz zur Verfügung. Mit der dynamischen Gruppenbildung besteht im laufenden Betrieb die Möglichkeit, jedem Funkgerät die Kommunikation mit Gruppenmitgliedern zu erlauben, die bei Planung des Fleetmappings noch nicht vorherzusehen waren.

Beispielsweise ist es damit bei einem größeren Einsatz möglich, durch die zuständige Leitstelle allen Funkgeräten der eingesetzten Fahrzeuge die speziell für diesen Einsatz eingerichtete dynamische Gruppe zuzuweisen. Nicht zum Einsatz gehörende Einsatzmittel können diese Gruppe nicht schalten und belegen dabei dann keine unnötigen Ressourcen im TETRA-Netz. Somit wird zudem eine Ressourcenverschleppung verhindert.

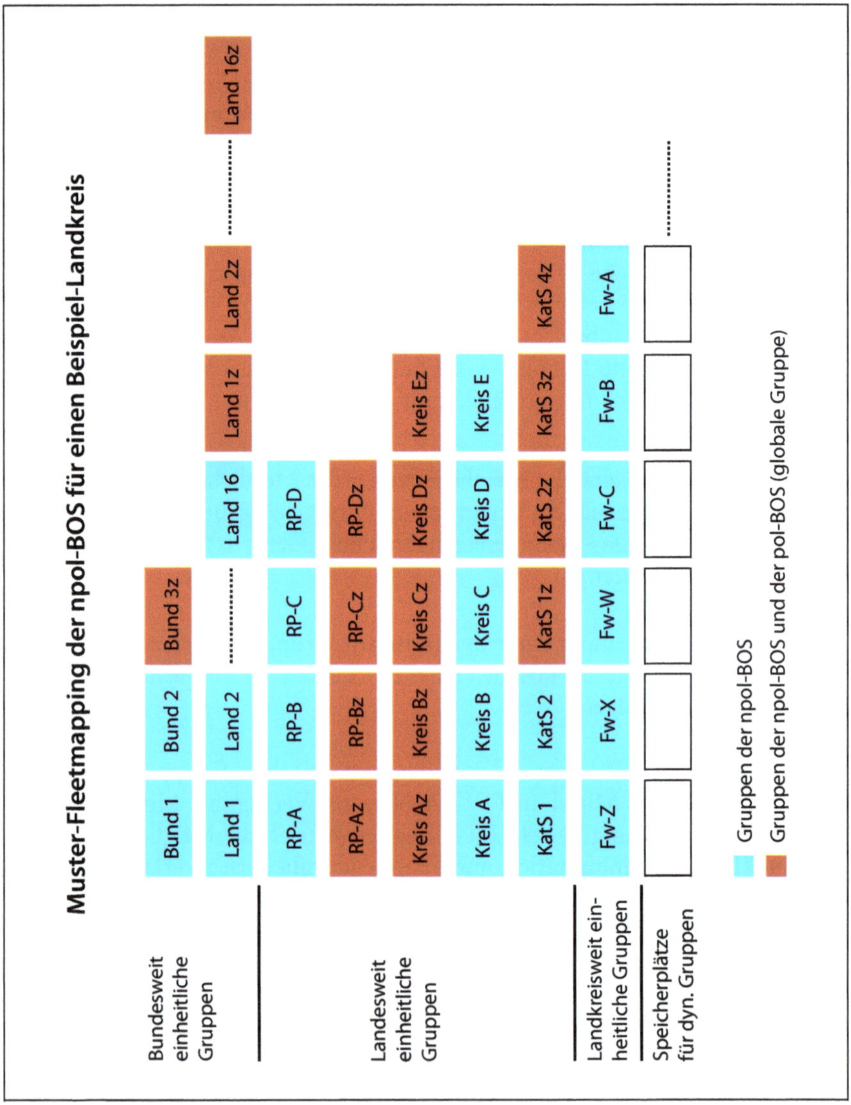


**Abbildung 14:** Muster-Fleetmapping nichtpolizeiliche BOS (Quelle: Demel)

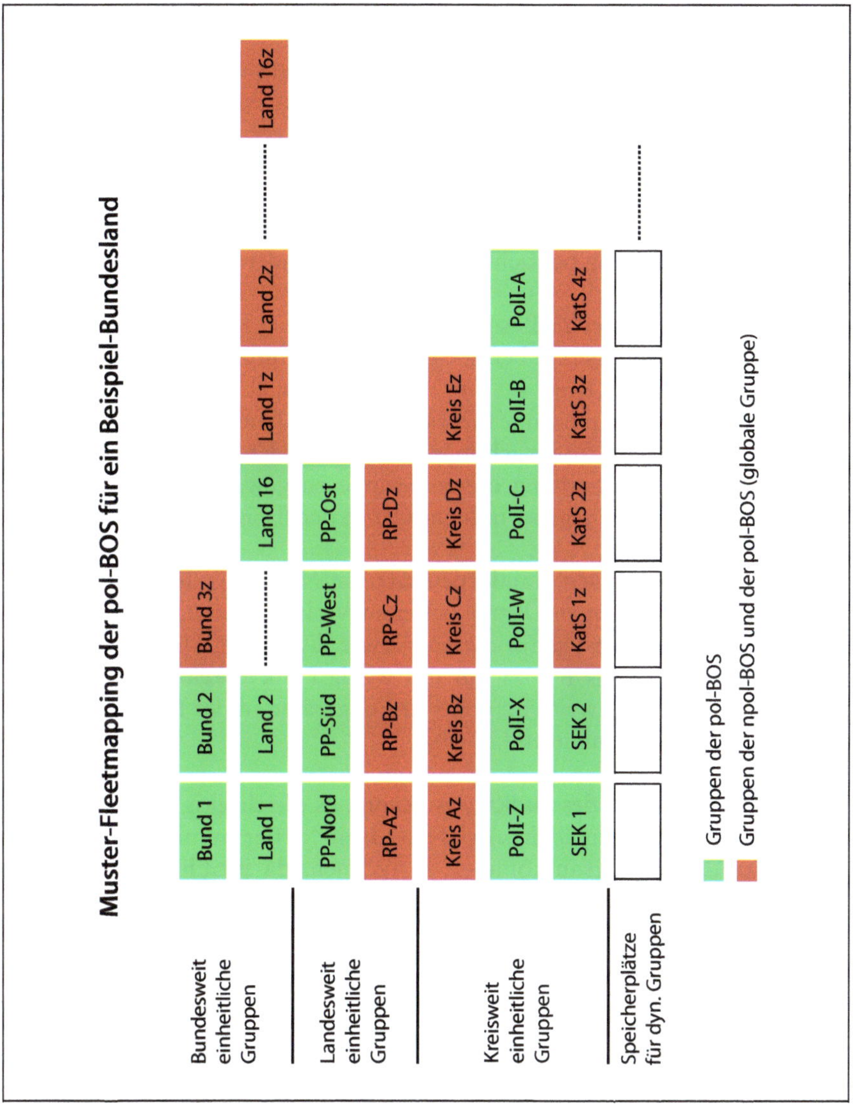


**Abbildung 15:** Muster-Fleetmapping polizeiliche BOS (Quelle: Demel)

## 3.3 Netzabhängige Versorgung der Gruppe

Die Gruppenkommunikation stellt im TETRA-Netz eine effektive und ressourcenschonende Art der Kommunikation dar. Um eine Gruppenverschleppung und somit eine Ressourcenverschleppung zu vermeiden, werden Gruppenrufzonen definiert. In Gruppenrufzonen wird definiert, welche Gruppe geografisch im Funkgerät auch nutzbar ist.

Zur Veranschaulichung betrachten wir nachstehenden Landkreis B.

Für diesen Landkreis ist als Basisgruppe die Gruppe „Kreis B" definiert. Alle kreisangehörigen Endgeräte befinden sich standardmäßig in dieser Gruppe. Dazu ist die Gruppe „Kreis B" im gesamten Kreisgebiet erreichbar. Zudem können auch über angrenzende Basisstationen der Nachbarlandkreise Funkgeräte, die zu dieser Gruppe gehören, erreicht werden, um auch in Randbereichen eine gute Versorgung dieser Gruppe zu gewährleisten. Im ganzen „Kreis B" können Teilnehmer miteinander in der Basisgruppe funken.

Betrachten wir nun einen Standardeinsatz. Im Nordkreis des Landkreises B kommt es zu einer kleinen Ölspur auf einer Verkehrsfläche. Es wird nur ein Fahrzeug von der Leitstelle für diesen Einsatz disponiert. Dieses verbleibt in der Basisgruppe „Kreis B", da nur mit wenig Funkverkehr zu rechnen ist. Das Fahrzeug ist kreisweit von anderen Endgeräten in der Basisgruppe (Betriebsgruppe) ansprechbar und hörbar.

In der Ortschaft „Y" des Südkreises kommt es gleichzeitig zur Disposition eines Einsatzes mit dem Stichwort „Feuer klein". Hier ist mit einem deutlich größeren Funkverkehrsaufkommen zu rechnen, da im Einsatz vermutlich auch die Handfunkgeräte (HRT) benötigt werden. Die Leitstelle disponiert hier den Einsatz so, dass das Fahrzeug-Endgerät (MRT) und alle Handfunkgeräte in die im Vorfeld definierte statische Gruppe „Ort Y" schalten.

Zur Schonung der Ressourcen beziehungsweise zur effektiven Ausnutzung der vorhandenen Frequenzen ist die statische Gruppe „Ort Y" nur im Bereich der Ortschaft „Y" sowie in der näheren Umgebung zu empfangen (Gruppenrufzone). Funkgeräte, die nicht die Gruppe „Ort Y" geschaltet haben, können die Funkgespräche der am Einsatz beteiligten Fahrzeuge nicht empfangen.

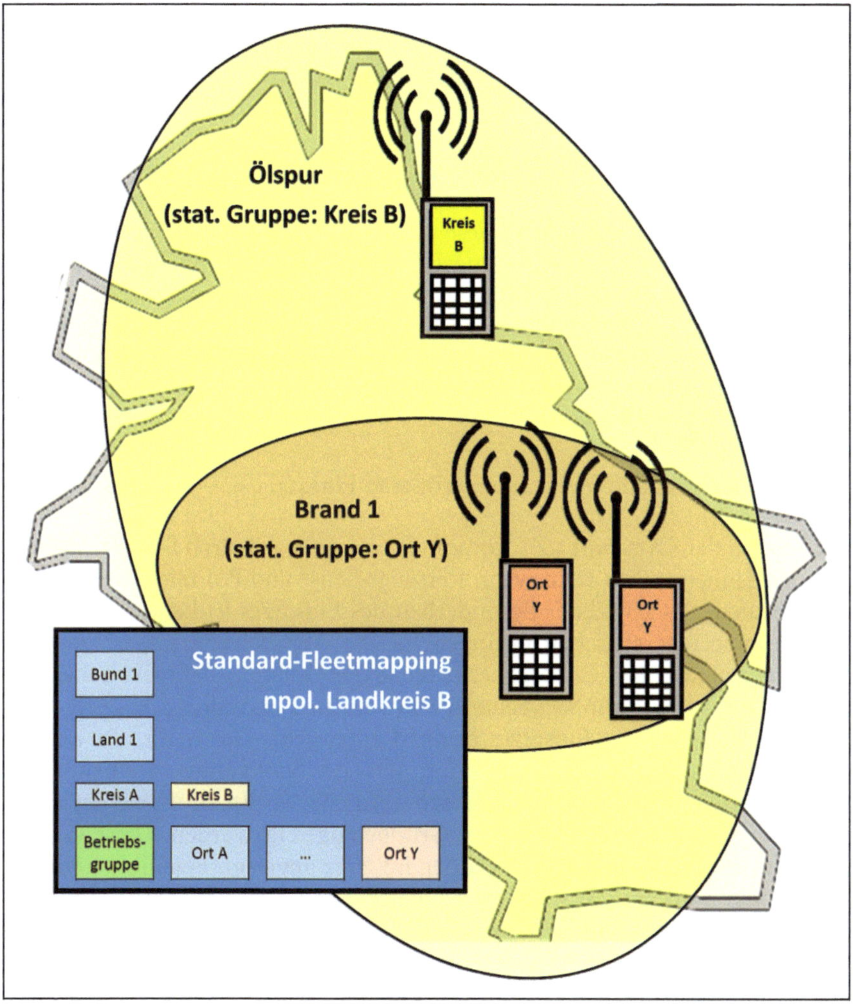


**Abbildung 16:** Beispiel Gruppenrufzone 1 (Quelle: Demel)

Da das Funksignal zur Schonung der Ressourcen auch nur im Bereich der Ortschaft „Y“ ausgestrahlt wird, würde ein Funkgerät, das den Bereich der Ortschaft „Y“ verlässt, nicht mehr am Funkverkehr dieses Einsatzes teilnehmen können, obwohl es die entsprechende Gruppe (Ort Y) geschaltet hat. Ein unbeabsichtigtes Verlassen des Versorgungsgebiets für diese Gruppe ist ausgeschlossen, da in einem solchen Fall das Verlassen im Funkgerät signalisiert wird.

Dieses Leistungsmerkmal erhöht zusätzlich die Sicherheit gegen Abhören, da Funkgeräte, die aufgrund ihrer Programmierung eine entsprechende statische Gruppe schalten können, diese trotzdem nicht empfangen können, solange sie sich nicht im Versorgungsgebiet aufhalten. Somit kann beispielsweise das Fahrzeug, welches im Nordkreis im Ölspureinsatz ist, aufgrund des konfigurierten Fleetmappings zwar die entsprechende Gruppe „Ort Y“ schalten, da es sich aber außerhalb des definierten Versorgungsgebiets dieser Gruppe befindet, könnte es am Funkverkehr des Einsatzes weder passiv noch aktiv teilnehmen.

Betrachten wir nachfolgend einen größeren Einsatz.

Im Bereich der Ortschaft „Z“ kommt es zu einem größeren Schadensfall. Es werden Einheiten von Feuerwehr, Rettungsdienst und Polizei zu diesem Einsatz gerufen. Aufgrund der Besonderheit des Einsatzes ist keine der fest einprogrammierten statischen Gruppen für die Abarbeitung dieses Einsatzes optimal geeignet. Der Einsatzbearbeiter in der Leitstelle definiert daher eine neue dynamische Gruppe „Feuer 1“ in seinem Einsatzleitrechner, die den Anforderungen dieses Einsatzes optimal entspricht. Das heißt, die neu geschaffene Gruppe wird so konfiguriert, dass die Funkgeräte aller benötigten Einsatzmittel sowie die einsatztaktisch optimale Gruppenrufzone der speziell für diesen Einsatz geschaffenen Gruppe zugeteilt werden. Diese Gruppe wird innerhalb von wenigen Sekunden im Netz angelegt. Beteiligte Endgeräte erhalten automatisch die Gruppendaten über die Luftschnittstelle zugewiesen und können von nun an die neue Gruppe „Feuer 1“ nutzen. Da es notwendig ist, auch die Polizei in dieser Gruppe zu haben, gibt die Leitstelle der nichtpolizeilichen BOS die Gruppenkennung (GSSI) an die polizeiliche Leitstelle weiter. Diese kann nun das Polizeifahrzeug auch zu dieser dynamischen Gruppe hinzufügen. Dies ist möglich, da der Einsatzbearbeiter beim Anlegen der Gruppe bereits die spätere Mitgliedschaft der Polizei in dieser Gruppe berücksichtigt hat und daher die Gruppe als „globale" Zusammenarbeitsgruppe angelegt hat. (Nur globale Gruppen können von Polizei und nicht polizeilichen Einheiten gemeinsam angesprochen werden). Es kann nun organisationsübergreifend kommuniziert werden. Nach Einsatzende wird diese Gruppe von der Leitstelle wieder aufgelöst und alle Endgeräte fallen zurück in die jeweilige Betriebsgruppe (Basisgruppe).

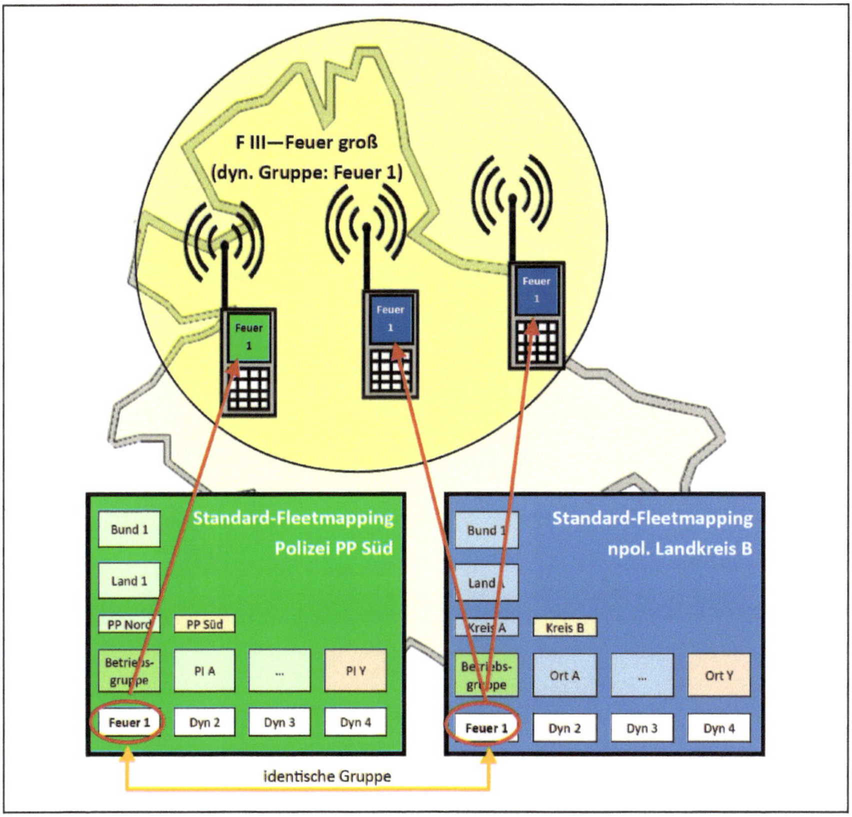


**Abbildung 17:** Beispiel Gruppenrufzone 2 (Quelle: Demel)

Durch die Möglichkeit, beliebigen Funkgeräten über die Luftschnittstelle eine dynamische Gruppe zuzuweisen, kann die Zahl der fest einprogrammierten Gruppen (statische Gruppen) in einem Funkgerät auf ein überschaubares Maß reduziert werden. Sollte ein Funkgerät situationsbedingt eine zusätzliche Gruppe benötigen, so kann diese ohne Verzögerung in Form einer dynamischen Gruppe dem Funkgerät zusätzlich einprogrammiert werden. Die Beschränkung auf eine überschaubare Zahl fest konfigurierter (statischer) Gruppen trägt zur einfacheren Bedienung des Geräts bei.

Der große Vorteil der Einrichtung liegt in der erhöhten Effizienz und Ressourcenschonung. Kommunikation findet nur dort statt, wo sich die Mitglieder einer Gruppe befinden und die Kommunikation notwendig ist. In der Regel unterscheidet die BOS sogenannte Rufgruppenzonen auf Bundes-, Landes- und Kreisebene. Eine örtliche Gruppenrufzone (z.B. Gemeindeebene) wäre technisch möglich, übersteigt aber den administrativen Aufwand im TETRA-Funknetz bei nahezu 11.000 Gemeinden in Deutschland.

Wird zusätzlich zu den Rufgruppenzonen eine dynamische Gruppe verwendet, können nicht berechtigte Funkgeräte bzw. nicht am Einsatz beteiligte Funkgeräte diese Gruppen nicht händisch schalten. Hierdurch kann deutlich eine Rufgruppenverschleppung vermieden werden. Ressourcen des Netzes werden geschont und nur bei tatsächlich Beteiligten in Anspruch genommen.

**Zusammenfassung:** Im Digitalfunk stellt die Gruppenkommunikation das direkte Gegenstück zum vorherigen analogen Sprechfunk dar. Während im Analogfunk die Funkgeräte untereinander kommunizieren können, die in einem Netz die gleiche Frequenz eingestellt haben, können im Digitalfunk nur die Funkgeräte miteinander kommunizieren, die die gleiche Gruppe gewählt haben. Dazu kann der Nutzer die zuvor in sein Funkgerät konfigurierten Gruppen frei wählen. Das heißt, mit der Konfiguration einer Gruppe in das Funkgerät wird dem Benutzer des Funkgeräts quasi die Berechtigung zur Teilnahme an dieser Gruppe zugeteilt. Neben diesen sogenannten statischen Gruppen besteht zusätzlich die Möglichkeit, nicht im Gerät vorhandene Gruppen in Form sogenannter dynamischer Gruppen über Funk dem Gerät zuzuweisen. Jedoch besteht nicht überall im Netz die Möglichkeit, eine bestimmte Gruppe zu empfangen. Je nach taktischer Notwendigkeit werden unterschiedliche Gruppen in unterschiedlichen Bereichen des Netzes versorgt. Man spricht dabei von sogenannten Gruppenrufzonen. Nur in dieser Zone kann eine bestimmte Gruppe empfangen werden. Verlässt ein Funkgerät diese Zone, so ist eine Kommunikation mit den übrigen Gruppenmitgliedern, die sich noch in der Gruppenrufzone befinden, nicht möglich. In Deutschland werden in der Regel Gruppenzonen auf Bundes-, Landes- und Kreisebene definiert. Durch zusätzliche Nutzung von dynamischen Gruppen ist eine Rufgruppenverschleppung vermeidbar.

## 3.4 Selbstkontrolle und Testfragen

(Lösungen siehe Seite 108)

**1. Kann ein Funkgerät nur die Gruppen anwählen, die bei der Konfiguration im Funkgerät über das Fleetmapping abgelegt wurden?**

a) Ja, ein Funkgerät kann nur die Gruppen anwählen, die zuvor fest konfiguriert wurden.
b) Nein, sogenannte dynamische Gruppen können nachträglich über Funk dem Gerät zugewiesen werden.
c) Nur Handfunkgeräte sind auf die Gruppen festgelegt, die vorab einprogrammiert wurden; Fahrzeugfunkgeräte können alle Gruppen schalten.

**2. Kann ein Funkgerät selbsttätig weitere sogenannte dynamische Gruppen aus dem Netz anfordern?**

a) Ja, jedes Funkgerät kann selbsttätig weitere dynamische Gruppen aus dem Netz anfordern.
b) Nein, dynamische Gruppen werden dem Funkgerät von entsprechend autorisierten Stellen, z.B. der Leitstelle, zugewiesen.
c) Nein, weitere dynamische Gruppen werden von speziellen Master-Funkgeräten, die selbst Gruppenmitglied sind, auf die übrigen Gruppenmitglieder verteilt.

**3. Sind Gruppen BOS-weit von allen Teilnehmern anwählbar, soweit diese über das Fleetmapping in das Funkgerät konfiguriert sind?**

a) Ja, Gruppen sind BOS-weit von allen Teilnehmern anwählbar.
b) Nein, Funkgeräte der nichtpolizeilichen BOS können in keinem Fall mit Funkgeräten der polizeilichen BOS kommunizieren.
c) Es wird unterschieden zwischen Gruppen in der nichtpolizeilichen BOS und Gruppen der polizeilichen BOS. Für die Zusammenarbeit werden sogenannte globale Gruppen (Zusammenarbeitsgruppen) eingerichtet.

**4. Wird mit dem Übertragen einer dynamischen Gruppe in ein Funkgerät über die Luftschnittstelle das Funkgerät automatisch auf diese dynamische Gruppe umgeschaltet?**

a) Nein, eine automatische Umschaltung mit der Übertragung einer dynamischen Gruppe auf ein Funkgerät ist technisch nicht möglich.
b) Ja, mit der Übertragung einer dynamischen Gruppe auf ein Funkgerät kann dieses automatisch auf diese Gruppe umgeschaltet werden.
c) Bei Handfunkgeräten erfolgt die Umschaltung automatisch mit der Übertragung der dynamischen Gruppe auf das Funkgerät, bei Fahrzeugfunkgeräten erfolgt die Umschaltung erst nach Drücken einer speziellen Taste.

**5. Können alle Funkgeräte bundesweite Gruppen auswählen?**

a) Ja, alle Funkgeräte können bundesweite Gruppen auswählen, soweit sie konfiguriert oder als dynamische Gruppe dem Funkgerät zugewiesen wurden.
b) Nein, nur Katastrophenschutzfahrzeuge des Bundes können bundesweite Gruppen auswählen.
c) Nein, nur Fahrzeuge der Bundespolizei und der Bundesanstalt Technisches Hilfswerk können bundesweite Gruppen schalten.

# 4 Trunked Mode (Netzbetrieb)

Im TETRA-Standard wurden zwei Betriebsarten für die Sprachkommunikation definiert, der Direktbetrieb „Direct Mode“ (DMO) und der Netzbetrieb „Trunked Mode“. Trunked Mode Operation (TMO) ist die Standardbetriebsart im TETRA-Netz und wird oftmals nur als Trunked Mode bezeichnet. Im Trunked Mode kommunizieren die Endgeräte immer über eine Basisstation mit den Teilnehmern im TETRA-Netz.

Dabei ist es auch ohne Bedeutung, ob zwei Nutzer mit ihren Endgeräten nebeneinanderstehen und dabei miteinander kommunizieren. Die Kommunikation läuft auch hier über die jeweilige eingebuchte Basisstation über die Netzinfrastruktur. Vergleichbar ist diese Kommunikation mit der von Mobiltelefonen (Handys) in einem GSM-Mobilfunknetz. Auch dort ist die Kommunikation nur über die Netzinfrastruktur möglich.

Anfang der 2020er begann die Modernisierung der gesamten TETRA-Netzinfrastruktur, zu der u.a. auch die Vermittlungsstellen (DXT) und die Basisstationen gehören. Schrittweise wird hier von der mittlerweile veralteten E1-Anbindung auf IP-Verbindungen über Glasfaserstrecken umgestellt.

**Abbildung 18:**
IP-Vermittlungsstelle „TAIRA“
(Quelle: Airbus)

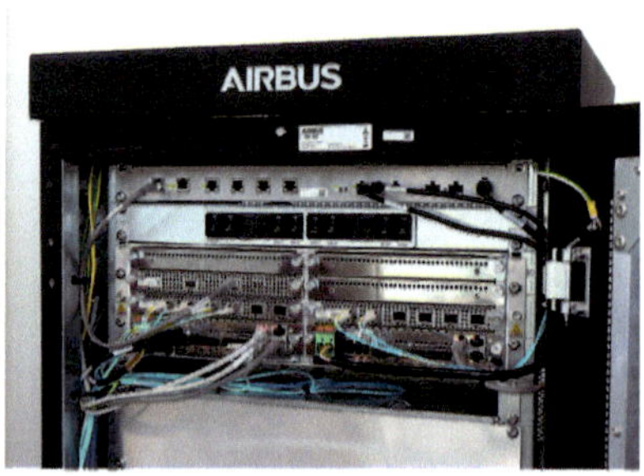


**Abbildung 19:**
Basisstation TB4
(Quelle: Airbus)

In der Betriebsart TMO existieren die Kommunikationsmöglichkeiten des Zielrufs, des Einzelrufs und des Gruppenrufs.

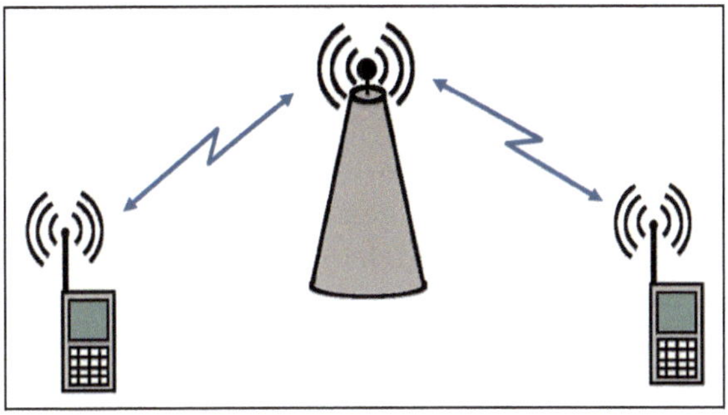

**Abbildung 20:**
Trunked-Mode-Kommunikation/Netzbetrieb
(Quelle: Demel)

## 4.1 TMO-Zielruf

Der TMO-Zielruf ist vergleichbar mit der herkömmlichen Handy-Telefonie, jedoch nur netzintern. Ob dieses Leistungsmerkmal zur Verfügung steht, wird im Endgerät oder im Netz konfiguriert. Zur Durchführung des Zielrufs wird manuell über die Zehnertastatur eine Zielrufnummer eingegeben oder aus dem elektronischen Telefonbuch ein Teilnehmereintrag ausgewählt. Anschließend wird der Verbindungsaufbau über die Rufaufbau-Taste eingeleitet. Die Rufaufbau-Taste ist bei vielen Herstellern als grüner Telefonhörer ausgeführt.

Der Gesprächspartner muss das Gespräch mit der Rufaufbau-Taste annehmen. Bis dahin erhält der Rufende einen Freiton oder bei „Besetzt" einen Besetztton, wie in einem normalen Telefonnetz.

Da es sich hierbei um normale Telefonie, also um echtes Gegensprechen (Duplex) handelt, ist der Ressourcenverbrauch im TETRA-Netz größer einzustufen. Daher sollte der Zielruf im TETRA-Netz die Ausnahme bleiben.

Der TMO-Zielruf kann durch Betätigen der Rufabbau-Taste, oftmals als roter Hörer ausgeführt, von beiden Teilnehmern beendet werden.

Der Zielruf innerhalb einer Basisstation benötigt zwei Kommunikationskanäle und verbraucht somit örtlich mehr Ressourcen aus dem TETRA-Netz.

Wird der Zielruf jedoch beispielhaft direkt zu einer Leitstelle durchgeführt, wird jedoch nur ein Kommunikationskanal benötigt.

## 4.2 TMO-Einzelruf

Das klassische Wechselsprechen zwischen zwei Teilnehmern kann mit dem TMO-Einzelruf verglichen werden. Die Verfügbarkeit wird auch hier über die Konfiguration des Endgeräts bzw. im Netz bestimmt. Auch hier kann manuell über den Ziffernblock oder aus dem Telefonbuch ein Teilnehmer gezielt erreicht werden. Jedoch erfolgt der Kommunikationsaufbau nicht über die Rufaufbau-Taste, sondern über das Festhalten der Sendetaste. Oftmals wird diese Taste auch als Push-To-Talk-Taste (PTT-Taste) bezeichnet. Der Status des Verbindungsaufbaus wird am Endgerät signalisiert. Besteht eine Verbindung, kann die Nachricht abgesetzt werden. Ist der Gesprächspartner belegt, erfolgt eine Abweisung.

Nach dem Loslassen der Sendetaste bleibt die Verbindung für eine bestimmte Zeit reserviert, sodass der Kommunikationspartner antworten kann. Auch dieser muss dazu die Sendetaste betätigen.

Der Einzelruf kann durch das Ablaufen einer im TETRA-Netz festgelegten Antwortzeit oder das Betätigen der Rufabbau-Taste beendet werden.

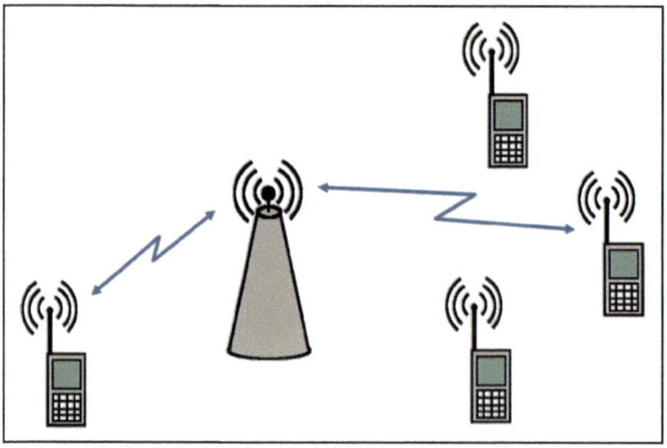

**Abbildung 21:**
TMO-Einzelruf (Quelle: Demel)

Der Ressourcenbedarf ist vergleichbar mit dem Gruppenruf, jedoch kann z.B. hier eine vertrauliche und sichere Verbindung zwischen genau zwei Endgeräten aufgebaut werden.

## 4.3 TMO-Gruppenruf

Der TMO-Gruppenruf ist die Standardkommunikationsform im TETRA-Netz. Dabei werden nur durch das Betätigen der Sendetaste (PTT) alle Teilnehmer der momentan im Endgerät ausgewählten Gruppe erreicht. Alle Gruppenmitglieder können den Ruf im Wechselsprechen durch Drücken der Sendetaste beantworten. Dies ist vergleichbar mit dem damaligen analogen Sendefunkverkehr, jedoch bietet auch hier der Digitalfunk entscheidende Vorteile.

Während eines laufenden Gesprächs kann kein Teilnehmer der Gruppe den Sprechenden unterbrechen. Betätigt ein Teilnehmer der Gruppe die Sendetaste bei einem laufenden Gespräch, erhält dieser eine Ablehnung, welche optisch und akustisch am Endgerät signalisiert werden kann.

Zudem ist der Ressourcenverbrauch im TETRA-Netz sehr gering, sodass im Bereich einer Basisstation eine Vielzahl von Gruppen mit ihren Teilnehmern gleichzeitig kommunizieren können.

Nach dem Loslassen der Sendetaste bleibt auch hier die Verbindung für eine bestimmte Zeit reserviert, sodass Gruppenmitglieder sofort antworten können.

Durch das Ablaufen der Antwortzeit oder das Betätigen der Rufabbau-Taste wird der Gruppenruf beendet.

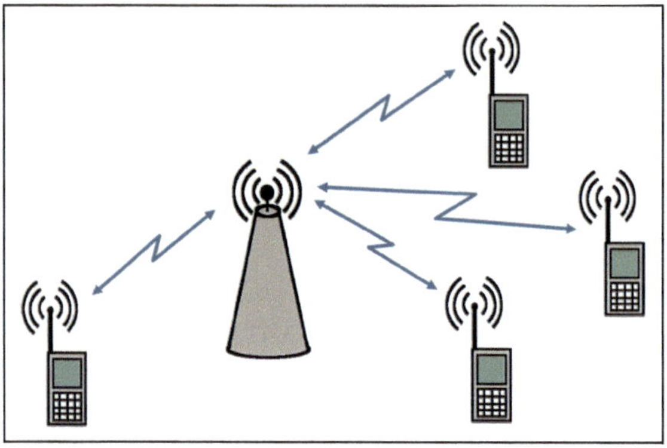

**Abbildung 22:**
TMO-Gruppenruf
(Quelle: Demel)

Es ist möglich, im TETRA-Netz Prioritäten für Rufe zu definieren. Diese Möglichkeit ist mit Vorsicht anzuwenden. Durch die Festlegung von Prioritäten können Rufe vom Netz bevorzugt oder benachteiligt werden. Dies kann sich auf laufende Gespräche, das Antworten oder den Rufaufbau auswirken. So kann z.B. der TMO-Einzelruf durch einen höher priorisierten TMO-Gruppenruf unterbrochen werden. Im Umfeld der BOS ist es nur schwer abzuwägen, welcher Ruf im Einsatzfall wichtiger ist. Daher sollten alle Teilnehmer im TETRA-Netz dieselben Prioritäten aufweisen. Lediglich einige berechtigte Stellen wie z.B. Leitstellen als Betriebsleitung sollten neben dem Notruf eine höhere Priorität erhalten.

**Zusammenfassung:** Der Netzbetrieb (Trunked Mode – TMO) stellt die Standardbetriebsart des Digitalfunknetzes dar. Hierbei kommunizieren die Funkgeräte untereinander unter Nutzung der Netzinfrastruktur. In dieser Betriebsart sind sowohl ein Betrieb vergleichbar dem Mobilfunknetz wie auch der Betrieb als klassisches Funknetz möglich. Diese Betriebsart stellt die effektivste Nutzung der verfügbaren Funkressourcen sicher und bietet gleichzeitig die größtmögliche Anzahl von Leistungsmerkmalen. Der Funkbetrieb zwischen der Leitstelle und den eingesetzten Fahrzeugen/Funkgeräten erfolgt im Netzbetrieb (TMO). Durch den im Netzbetrieb notwendigen Einbuchungsvorgang der teilnehmenden Funkgeräte stellt dieser Modus auch die sicherste Betriebsart zur Verfügung.

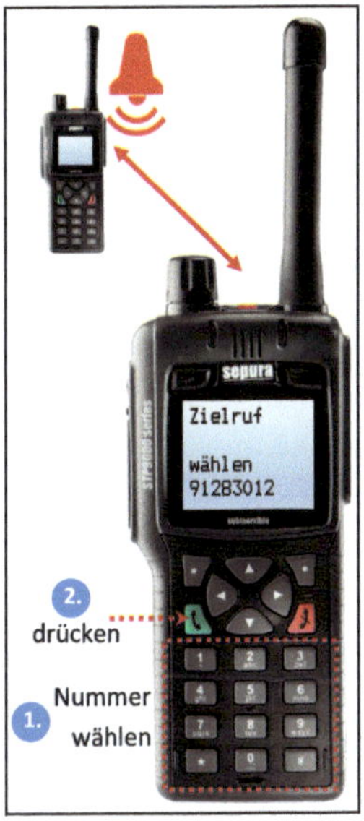


**Abbildung 23:**
Rufaufbau
Zielruf/Wähl-Taste
(Quelle: Demel)

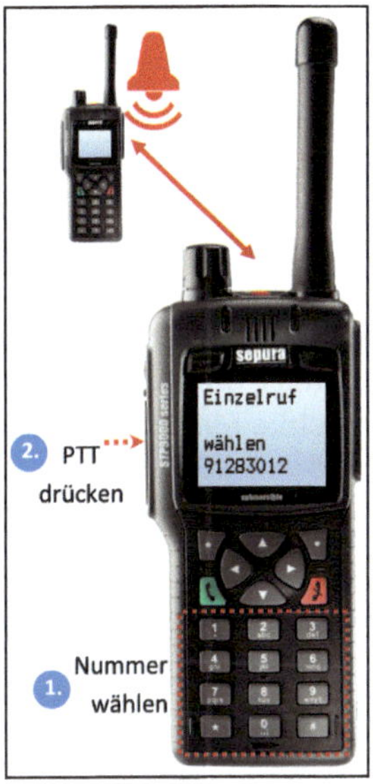


**Abbildung 24:**
Rufaufbau
Einzelruf/PTT-Taste
(Quelle: Demel)

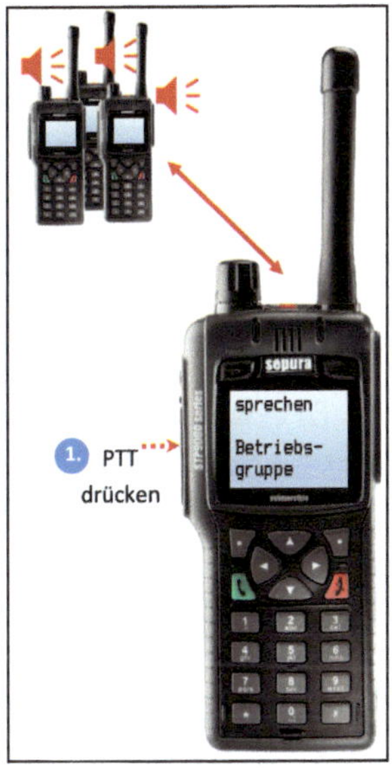


**Abbildung 25:**
Rufaufbau
Gruppenruf/PTT-Taste
(Quelle: Demel)

## 4.4 Selbstkontrolle und Testfragen

(Lösungen siehe Seite 108)

**1. Welche Aussage zum TMO-Betrieb ist richtig?**

a) Für die Kommunikation im TMO ist keine Basisstation notwendig. Geräte können direkt miteinander kommunizieren.
b) TMO – der Netzbetrieb – ist die Standardbetriebsart im TETRA-Netz. Endgeräte kommunizieren über die Netzinfrastruktur miteinander.
c) Es existieren nur die Möglichkeiten des Gruppenrufs.

**2. Wie kann ein Zielruf im TMO-Betrieb durchgeführt werden?**

a) Im TMO besteht keine Möglichkeit des Zielrufs.
b) Für den Zielruf muss eine Zielrufnummer eingegeben oder aus dem Telefonbuch selektiert werden. Abschließend ist für den Rufaufbau die Sendetaste zu betätigen.
c) Für den Zielruf muss eine Zielrufnummer eingegeben oder aus dem Telefonbuch selektiert werden. Abschließend ist für den Rufaufbau die Rufaufbau-Taste (meist grüner Hörer) zu betätigen.

**3. Welche TMO-Betriebsart wird als klassisches Wechselsprechen zwischen zwei Teilnehmern bezeichnet?**

a) Der TMO-Zielruf.
b) Der TMO-Gruppenruf.
c) Der TMO-Einzelruf.

**4. Ordnen Sie TMO-Betriebsarten aufsteigend nach dem größten Ressourcenbedarf!**

a) TMO-Zielruf.
b) TMO-Gruppenruf.
c) TMO-Einzelruf.

# 5 Direct Mode (Direktbetrieb)

Die zweite Betriebsart für die Sprachkommunikation ist der Direktbetrieb „Direct Mode Operation“ (DMO) und wird kurz als Direct Mode bezeichnet. Im Direct Mode wird keine Netzinfrastruktur zur Kommunikation benötigt. So kann der Direct Mode für Bereiche ohne Netzversorgung als Rückfallebene angesehen werden. Solche Bereiche können zum Beispiel Tiefgaragen oder große Waldflächen sein. Er ist keinesfalls als Ersatz für den damaligen 2-m-Einsatzstellenfunk gedacht.

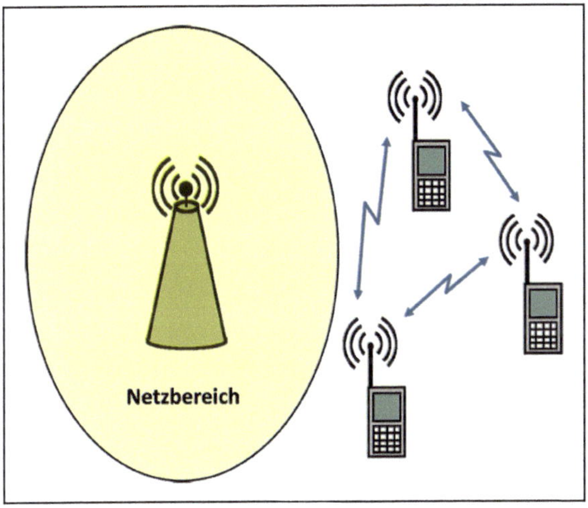


**Abbildung 26:**
Direct-Mode-Kommunikation
(Quelle: Demel)

Um den Direktbetrieb (DMO) zu nutzen, müssen die Endgeräte manuell in den Direktbetrieb geschaltet werden. Die Steuerung der Kommunikation ohne Basisstation übernimmt dabei eines der an der DMO-Kommunikation beteiligten Endgeräte. Dieses wird technisch als „MASTER“ bezeichnet. Alle weiteren Endgeräte werden in dieser Betriebsart als „SLAVE“ bezeichnet. Die Funktion des „MASTERS“ übernimmt immer das gerade sendende Endgerät und wechselt somit ständig.

Die Nutzung des Direktbetriebs (DMO) sollte soweit taktisch möglich vermieden werden, da sich gegenüber dem Netzbetrieb (TMO) einige Nachteile ergeben. Ein wesentlicher Nachteil ist, dass im Direktbetrieb pro Trägerfrequenz nur ein Gespräch geführt werden kann. Da die Frequenzen im BOS-Bereich knapp bemessen sind, wurden im Bereich über 400 MHz neue Frequenzen für DMO-Kanäle nutzbar gemacht. Es stehen bundesweit allen Feuerwehren insgesamt zwanzig DMO-Kanäle, dem Katastrophenschutz und dem Rettungsdienst jeweils zehn DMO-Kanäle zur Verfügung. Jedoch sind davon nur einige Kanäle bundesweit nutzbar (in Tabelle 1 mit „*" gekennzeichnet). Kanäle, die in Tabelle 1 nicht mit „*" gekennzeichnet sind, sind regional nicht nutzbar, da die Frequenzen mit der Radioastronomie (z.B. Efelsberg) geteilt werden.

Demnach ergibt sich folgende Kanalaufteilung für den Direktbetrieb:

**Tabelle 1:** DMO-Kanalübersicht

| Organisation | DMO-Kanal |
|---|---|
| taktisch-betriebliche Zusammenarbeit | 214TBZ* bis 243TBZ |
| Feuerwehr | 307F* bis 316F* |
| Feuerwehr | 317F bis 326F |
| Katastrophenschutz | 403K* bis 404K* |
| Katastrophenschutz | 405K bis 412K |
| Polizei | 507P* bis 526P |
| Rettungsdienst | 603R* bis 607R* |
| Rettungsdienst | 608R bis 614R |
| Bund | 714B* bis 754B |
| Marschkanal | Marschkanal |
| Europa | EURO 01 bis EURO 10 |
| Objektversorgung | OV A, OV Reserve, OV1 bis OV6 |

Grundsätzlich besteht im Direktbetrieb (DMO) ebenso wie im Netzbetrieb (TMO) die Möglichkeit der Definition von unterschiedlichen Gesprächsgruppen.

Derzeit wird exklusiv für jeden DMO-Kanal exakt eine Gruppe zugeordnet. Theoretisch besteht die Möglichkeit, auf einem DMO-Kanal mehrere Gruppen zu definieren. Jedoch würden diese sich gegenseitig blockieren, da immer nur eine Gruppe auf einer Frequenz sprechen kann. Dies ist für die Feuerwehren, Polizei und Hilfsorganisationen inakzeptabel.

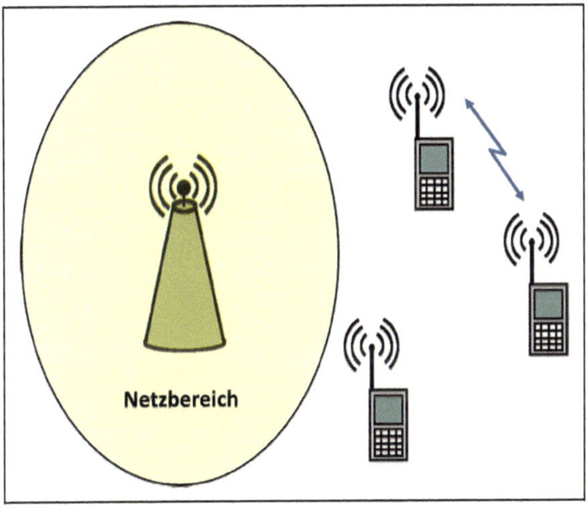


**Abbildung 27:**
DMO-Einzelruf (Quelle: Demel)

**Hinweis:** Die Nutzung des DMO-Einzelrufs sollte möglichst vermieden werden, da keine weitere Kommunikation auf diesem DMO-Kanal stattfinden kann. Dies wird den betroffenen Teilnehmern durch eine Belegungsanzeige am Endgerät angezeigt. Einzig ein Notruf kann den Einzelruf unterbrechen. Bei der BOS ist die Funktion des DMO-Einzelrufs in den Endgeräten deaktiviert.

## 5.1 DMO-Gruppenruf

Der DMO-Gruppenruf ist die Standardkommunikation im Direktbetrieb (DMO). Dieser verhält sich vergleichbar zum TMO-Gruppenruf. Beim DMO-Gruppenruf werden durch das Betätigen der Sendetaste alle Teilnehmer des momentan im Endgerät eingestellten DMO-Kanals im Empfangsbereich erreicht. Das Gespräch findet ebenfalls im Wechselsprechen statt. Nach dem Loslassen der Sendetaste bleibt, wie im TMO, die Verbindung für eine bestimmte Zeit reserviert, sodass Teilnehmer sofort antworten können.

Durch das Ablaufen der Antwortzeit oder das Betätigen der Rufabbau-Taste kann der DMO-Gruppenruf beendet werden.

## 5.2 DMO-Repeater

Im DMO-Betrieb ist die Reichweite mit Endgeräten sehr eingeschränkt. Um eine stabile Verbindung und zudem eine Reichweitenerhöhung an einer Einsatzstelle zu erhalten, ist der Betrieb eines DMO-Repeaters für den Direktbetrieb (DMO) unerlässlich. Repeater sind mit den ehemaligen 4-m-Band-Relaisstellen im analogen BOS-Funk vergleichbar.

Hierbei handelt es sich meistens um entsprechend ausgerüstete Fahrzeugfunkgeräte, welche durch eine Softwareergänzung die Repeater-Funktionalität erhalten. Die gewünschte Reichweitenvergrößerung wird durch die auf dem Fahrzeugdach positionierte Antenne und die erhöhte Sendeleistung eines Fahrzeugfunkgeräts (MRT) erzielt.

Gegenüber einer analogen Relaisstelle ist der DMO-Repeater ein intelligentes System. Alle über den Repeater geführten Gespräche werden im Repeater fehlerkorrigiert und erst dann bereinigt ausgesendet. Das Signal verlässt den Repeater in derselben Qualität, wie das sendende HRT es ausgesendet hat. Störungen (Knacksen, Rauschen) wie im analogen Funk üblich, werden nicht verstärkt, sondern eliminiert. Das deutlich bessere Ausgangssignal trägt zudem zu einer weiteren Reichweitenerhöhung bei. Pro DMO-Gruppe darf technisch nur ein Repeater aktiviert sein. Auch eine Kaskadierung von Repeatern ist technisch nicht möglich.

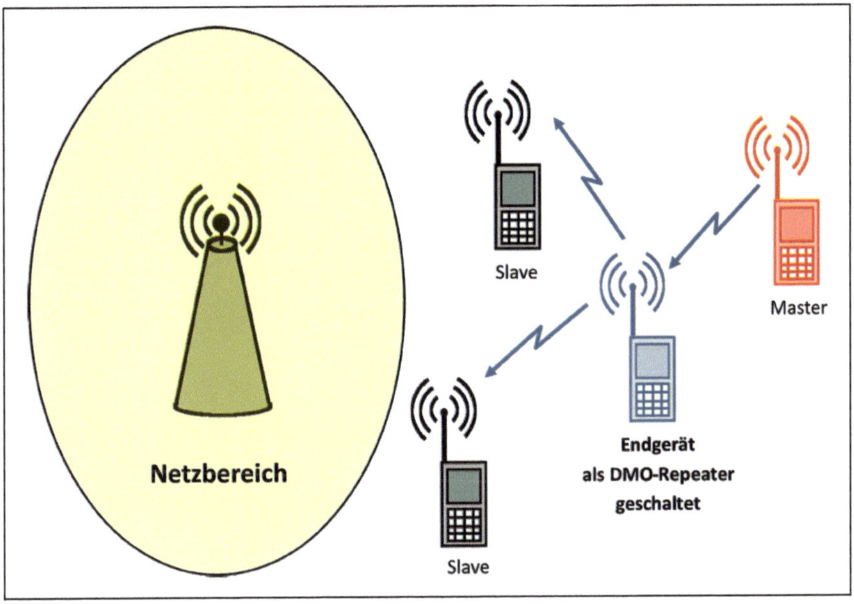


**Abbildung 28:** DMO-Repeater (Quelle: Demel)

## DMO-Repeater-Betrieb

Normalerweise erkennen moderne TETRA-Endgeräte das Vorhandensein eines Repeaters im Empfangsbereich. Diese Endgeräte wechseln automatisch in den Repeater-Betriebsmodus, welcher zudem im Display signalisiert wird. Einige ältere Gerätegenerationen benötigen einen manuellen Eingriff, um das Endgerät mit dem DMO-Repeater zu betreiben.

Die letzten Generationen von DMO-Repeatern sind besprechbar. So muss kein weiteres Endgerät im Fahrzeug installiert werden, um in dieser DMO-Gruppe teilzunehmen. Jedoch sollte bedacht werden, dass mit diesem Endgerät keine Verbindung in das TETRA-Netz mehr möglich ist. Daher empfiehlt es sich, in ein solches repeaterfähiges Fahrzeug ein weiteres Endgerät zu installieren.

An einer Einsatzstelle bzw. in einem bestimmten Gebiet sollten nicht mehrere Repeater betrieben werden. Bei Feldversuchen zeigte sich, dass auch bei verschieden geschalteten DMO-Kanälen an mehreren Repeatern gegenseitige Störungen nicht ausgeschlossen werden können. Eine Kommunikation in diesem Bereich wäre dann nicht mehr möglich.

Es ist auch möglich, Handsprechfunkgeräte (HRTs) als Repeater zu schalten. Hierzu ist der Einsatz eines Repeaterstativs empfehlenswert, um einen optimalen Standort des Repeaterfunkgeräts zu ermöglichen und dessen Erkennbarkeit sicherzustellen.

## 5.3 DMO-Gateway

Mit einem DMO-Gateway ist es möglich, Endgeräte außerhalb des Netzbereichs an das TETRA-Netz über DMO anzubinden. Dazu wird meist ein entsprechend ausgerüstetes Fahrzeugfunkgerät mit entsprechender Softwareergänzung für die Gateway-Funktionalität genutzt.

Dabei fungiert das DMO-Gateway als Mittler zwischen dem TETRA-Netz und dem DMO-Bereich. Das Gateway muss dabei noch Funkanbindung an das TETRA-Netz haben und die anzubindenden DMO-Geräte müssen sich in Reichweite des Gateways aufhalten, um dieses nutzen zu können. Am Gateway müssen zudem zwei Gruppen (eine DMO-Gruppe und eine TMO-Gruppe) geschaltet werden.

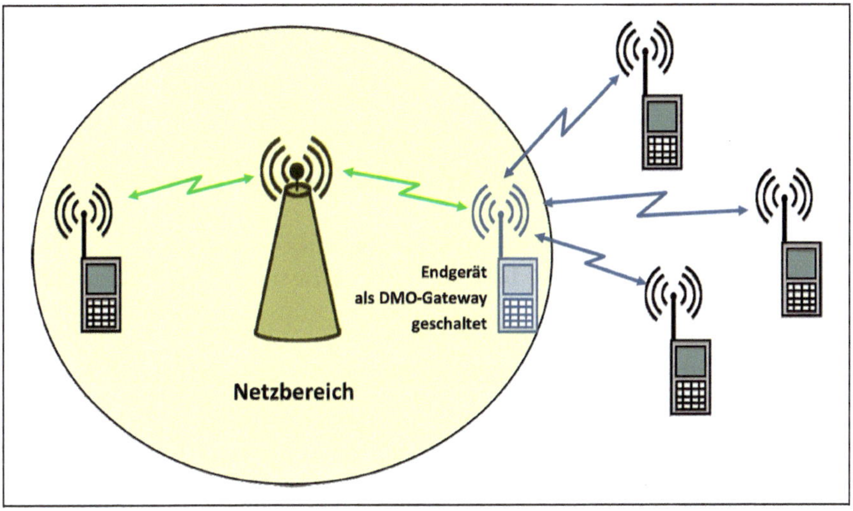


**Abbildung 29:** DMO-Gateway (Quelle: Demel)

Je nach Hersteller kann das Gateway selbst nicht besprochen werden. Die DMO-Endgeräte, die das Gateway nutzen sollen, müssen in der Regel dazu in einen besonderen Betriebsmodus versetzt werden.

**Zusammenfassung:** Der Direktbetrieb (DMO) ist eine Betriebsart, die eine Kommunikation der Funkgeräte untereinander ohne Nutzung einer Netzinfrastruktur ermöglicht. Diese Betriebsart wurde entwickelt, um auf einem minimalen Niveau bei Ausfall der Netzinfrastruktur weiterhin eine Kommunikation über Funk zu ermöglichen (Rückfallbetrieb). Im Direktbetrieb (DMO) besteht hauptsächlich die Möglichkeit zur Gruppenkommunikation. Der Einzelruf ist deaktiviert. Die Reichweite der Funkgeräte im Direktbetrieb ist verglichen mit dem Netzbetrieb gering. Durch den Einsatz sogenannter Repeater ist eine Vergrößerung des Empfangsbereichs möglich. Mit der Nutzung von Gateway lassen sich nicht netzversorgte Bereiche an das TETRA-Netz anbinden.

## 5.4 Selbstkontrolle und Testfragen

(Lösungen siehe Seite 108)

**1. Welche Aussage zum DMO-Betrieb ist richtig?**

a) Der DMO-Betrieb ist als Ersatz für den 2-m-Einsatzstellenfunk konzipiert worden.
b) Der DMO-Betrieb arbeitet besonders ressourcenschonend.
c) Der DMO-Betrieb ist bei fehlender Netzinfrastruktur als Rückfallebene zu verwenden.

**2. Warum sollte im DMO-Betrieb ein Einzelruf vermieden werden?**

a) Es ist kein Notruf mehr möglich.
b) Für andere Teilnehmer wird der DMO-Kanal für die Zeit des Gesprächs blockiert.
c) Für die Kommunikation im DMO besteht generell keine Möglichkeit des Einzelrufs.

**3. Welche Aussagen zum Einsatz eines DMO-Repeaters sind richtig?**

a) Ein DMO-Repeater ist notwendig bei Einsätzen, bei denen kein TMO-Betrieb auf Dauer sichergestellt werden kann (z.B. große Keller, Tiefgaragen).
b) Der DMO-Repeater dient zur TMO-Netzverstärkung an der Einsatzstelle.
c) Jedes Endgerät kann als DMO-Repeater betrieben werden.
d) DMO-Repeater führen eine Fehlerkorrektur durch.
e) Mehrere DMO-Repeater können sich gegenseitig negativ beeinflussen.
f) DMO-Repeater dienen der Reichweitenerhöhung.

# 6 Netzdienste

## 6.1 Notrufdienste

Unter dem Begriff Notrufdienste werden im TETRA-BOS-Netz verschiedene Leistungsmerkmale zusammengefasst. Zu einem fällt darunter der TETRA-Notruf, der dem aus dem Bereich des analogen Funks bekannten Notruf auf der Basis der FMS-Technologie teilweise ähnelt. Des Weiteren umfasst der Begriff Notrufdienste den sogenannten Hilferuf. Der Hilferuf ist dem TETRA-Notruf verwandt.

Neben diesen beiden Notrufdiensten, die vornehmlich für die Kommunikation zwischen Mobilteilnehmer und einer Leitstelle gedacht sind, zählt dazu ebenfalls der Rundruf, der sich aufspaltet in einen sogenannten Durchsageruf und einen Katastrophenalarm.

## 6.2 Notruf

Gegenüber dem Notruf, wie er aus dem vorherigen analogen BOS-Funk bekannt ist, stellt der Notruf im TETRA-Funk ein eigenes Systemleistungsmerkmal dar. Im analogen BOS-Funk wurde der Notruf über ein zusätzlich mit dem Mikrofoneingang der Sendeanlage verbundenen Gerät realisiert. Bei Auslösen des „Status 0“ (FMS-Notruf) durch Drücken der entsprechenden Taste am FMS-Statusgeber wird eine entsprechende Kennung an den FMS-Auswerter in der Leitstelle gesendet. Nach Senden der Kennung wird das Mikrofon eingeschaltet und sämtliche Sprachsignale, die in der Umgebung des Funkgeräts beziehungsweise des Mikrofons aufgefangen werden, werden damit für eine im Vorfeld definierte Sendezeit ausgesendet. Das heißt, der Notruf im analogen BOS-Funk stellt ein normales Funkgespräch dar. Einem solchen Notruf kann keine Priorität zugewiesen werden, damit ist ein versehentliches oder auch bewusstes Fremdeinsprechen und damit Stören der Übertragung des Notrufs möglich. Die ausgesendete Kennung verhindert lediglich, dass ein ausgesendeter Notruf möglicherweise in der Leitstelle nicht als solcher erkannt wird und damit im Leitstellenbetrieb untergehen würde.

Im TETRA-Funk wird ein Notruf in ganz besonderer Form vom System verarbeitet. Technisch gesehen stellt der Notruf einen Gruppenruf im Netzbetrieb (siehe TMO-Gruppenruf) dar. Diesem Gruppenruf wird vom System die höchste Priorität, die im TETRA-Funk vorgesehen ist, zugewiesen. Darüber hinaus ist der Notruf ein Prioritätsruf mit Verdrängung. Das heißt, sollte zum Zeitpunkt des Auslösens des Notrufs kein freier Kommunikationskanal zur Verfügung stehen, so wird ein bestehender Ruf sofort unterbrochen, um dem Notruf dessen Funkressource zur Verfügung zu stellen. Dabei wird immer der Ruf mit der niedrigsten Priorität zuerst abgebrochen. Ausgelöst wird der Notruf über eine separate, an jedem Funkgerät vorhandene und entsprechend farblich gekennzeichnete Notruftaste. Diese sollte nicht mit dem Einschalter verwechselt werden.

**Abbildung 30:**
Notruftasten – Handmikrofon und Funkgerät
(Quelle: Demel)

Der Notruf wird an die gewählte Gruppe des notrufenden Teilnehmers ausgesendet. Allen empfangsbereiten Gruppenmitgliedern wird der Notruf als solcher besonders signalisiert; ebenso wird der Funkrufname (OPTA) des Notruf absendenden Funkgeräts angezeigt. Zudem wird bei einem TETRA-Notruf das Mikrofon des betroffenen Funkgeräts in der höchsten Empfindlichkeit aufgeschaltet und die entsprechenden Sprachsignale im Umfeld des Funkgeräts beziehungsweise Mikrofons übertragen. Wird der Notruf nicht aktiv beendet, so erfolgt ein Abbruch der Übertragung nach Ablauf einer zuvor im Funkgerät bzw. TETRA-Netz konfigurierten Zeit.

Da es grundsätzlich vorstellbar ist, dass kein weiteres Mitglied der Gruppe zum Zeitpunkt des Auslösens des Notrufs empfangsbereit ist und damit den Notruf aufnimmt, muss in jedem Falle sichergestellt sein, dass ein abgesetzter Notruf empfangen wird. Daher wird im Vorfeld ein weiteres festes, jederzeit erreichbares Notrufziel für ein Funkgerät fest in das Gerät einprogrammiert. Das heißt, bei der Programmierung eines Funkgeräts, bevor dieses in den Einsatz gelangt, muss zwingend ein entsprechendes Notrufziel einprogrammiert werden. Da als Notrufziel nur Stellen in Betracht kommen, die jederzeit in der Lage sind, einen solchen Notruf entgegenzunehmen und zu bearbeiten, kommen in der Regel dafür nur Leitstellen beziehungsweise Leitstellen ähnliche Ziele in Betracht.

**Abbildung 31:** Anzeige Notruf (Quelle: Demel)

Ein Notruf wird unabhängig vom Aufenthaltsort (der Basisstation, in die das Funkgerät eingebucht ist) und der jeweiligen Berechtigung in dieser Zelle immer ausgeführt. Das heißt, befindet sich der Notrufende in einer Zelle, in der die momentan am Funkgerät eingestellte Gruppe nicht versorgt ist, so wird der Notruf trotzdem wie beschrieben abgesetzt.

## 6.3 Notrufszenarien

Abhängig vom jeweiligen Betriebszustand des Funkgeräts sind unterschiedliche Situationen zu berücksichtigen.

### 6.3.1 Notrufszenario 1

Das Funkgerät befindet sich in der Einstellung TMO-Gruppenruf und die entsprechende Leitstelle, die als Notrufziel einprogrammiert ist, ist ebenfalls Gruppenmitglied.

Bei Auslösen des Notrufs wird ein eventuell bestehender Gruppenruf sofort unterbrochen und das Mikrofon des Notrufgeräts aufgeschaltet. Parallel dazu wird die entsprechende Notrufmeldung des Funkgeräts übertragen. Verfügt das Funkgerät über GPS, so können gegebenenfalls auch die Positionsdaten übertragen werden. Grundsätzlich enthält die Notrufmeldung den Funkrufnamen des Notrufenden. Der Funkrufname des den Notruf absetzenden Geräts wird aber nicht nur dem einprogrammierten Ziel (z.B. der zuständigen Leitstelle), sondern auch mit einer entsprechenden Kennung, dass es sich um einen Notruf handelt, sämtlichen anderen Gruppenmitgliedern angezeigt. Der Notruf steht grundsätzlich so lange an, bis dieser entweder durch die als Notrufziel einprogrammierte Stelle quittiert wird oder das Notruf aussendende Gerät den Notruf selbst unterbricht oder die einprogrammierte Sendezeit abgelaufen ist.

**Hinweis:** Aufgrund der erforderlichen Quittierung eines Notrufs sind nur bestimmte Stellen als festes Notrufziel geeignet.

### 6.3.2 Notrufszenario 2

Das Funkgerät befindet sich in der Einstellung TMO-Gruppenruf und die entsprechende Leitstelle, die als Notrufziel einprogrammiert ist, ist nicht aktives Gruppenmitglied.

Die Abarbeitung des Notrufs erfolgt im Prinzip wie im Fall 1, mit der Ausnahme, dass die entsprechende Leitstelle automatisch als Gruppenmitglied aktiviert wird.

### 6.3.3 Notrufszenario 3

Das Funkgerät befindet sich in der Einstellung TMO-Zielruf oder TMO-Einzelruf und die entsprechende Leitstelle, die als Notrufziel einprogrammiert ist, ist nicht das aktuelle Rufziel.

Bei Auslösen des Notrufs wird die bestehende Zielruf-Verbindung unterbrochen und ein neuer Gruppenruf mit der zuvor genutzten Gruppe bzw. dem einprogrammierten Notrufziel aufgebaut. In diesem Fall wird ebenso wie im Gruppenruf-Modus das Mikrofon aufgeschaltet und sämtliche Signale in der Umgebung zum Notrufziel übertragen.

### 6.3.4 Notrufszenario 4

Das Funkgerät befindet sich in der Einstellung DMO-Gruppenruf oder DMO-Einzelruf und das Funkgerät befindet sich gleichzeitig im Empfangsbereich einer aktiven Basisstation.

Bei Auslösen des Notrufs wird automatisch ein eventuell bestehender DMO-Ruf unterbrochen und ein entsprechender Notruf als DMO-Gruppenruf abgesetzt. Sollte kein Gruppenmitglied erreichbar sein, so wird der Ruf an das einprogrammierte feste Notrufziel im TMO-Netz vermittelt. Die weitere Behandlung erfolgt analog zum Notruf bei eingebuchtem TMO-Netz.

### 6.3.5 Notrufszenario 5

Das Funkgerät befindet sich in der Einstellung DMO-Gruppenruf oder DMO-Einzelruf und das Funkgerät befindet sich außerhalb des Empfangsbereichs einer aktiven Basisstation.

In diesem Fall ist offensichtlich das einprogrammierte Notrufziel nicht erreichbar. Dabei wird ein eventuell bestehender DMO-Gruppenruf oder DMO-Einzelruf unterbrochen und ein entsprechender Notruf an alle auf dem geschalteten DMO-Kanal empfangsbereiten Funkgeräte gesendet. Dabei wird der Funkrufname des auslösenden Geräts auf dem Display der übrigen empfangsbereiten Funkgeräte angezeigt. Eine Übertragung von Ortsdaten und Statusinformationen wird in diesem Fall nicht vorgenommen.

## 6.4 Hilferuf

Der Hilferuf im TETRA-Netz entspricht einem TMO-Zielruf *(siehe Kapitel 4.1)* zu einer im Funkgerät einprogrammierten organisationsspezifischen Notrufabfragestelle. Der Hilferuf wird grundsätzlich immer von einem mobilen Teilnehmer zur Notrufabfragestelle gesendet. Im Gegensatz zum Notruf handelt es sich beim Hilferuf nicht um eine vom Netz priorisierte Rufart. Zusätzlich zum Funkrufnamen (OPTA) können gegebenenfalls vorhandene Ortsinformationen und Statusinformationen des hilferufenden Teilnehmers mit übertragen werden.

Das Leistungsmerkmal „Hilferuf“ steht im DMO-Betrieb nicht zur Verfügung.

## 6.5 Rundruf

Als weiteren Notrufdienst unterstützt das TETRA-Netz der deutschen BOS den sogenannten Rundruf. Abweichend von dem oben genannten Notrufdienst wird der Rundruf in der Regel von einer stationären Funkstelle (z.B. Leitstelle) ausgesendet. (Gegebenenfalls können auch besonders berechtigte Mobilteilnehmer einen solchen Rundruf aussenden.)

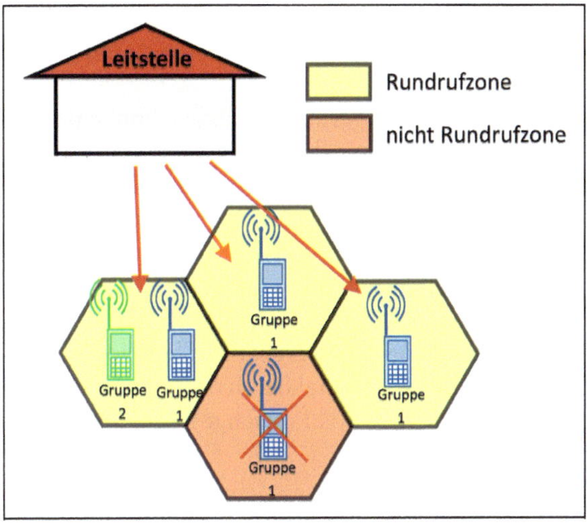


**Abbildung 32:**
Rundrufzone (Quelle: Demel)

Ein Rundruf kann als Durchsageruf mit normaler Priorität oder als Katastrophenalarm mit verdrängender Priorität abgesetzt werden. Der Rundruf benutzt das TETRA-Leistungsmerkmal „Broadcast Call". Ein solcher Broadcast Call wird als Ruf an alle in einer Zelle befindlichen Funkgeräte ausgesendet. Da sich dieser Ruf nicht an bestimmte Funkgeräte richtet, erfolgt die Auswahl der Zellen, über die das Signal ausgestrahlt wird, nicht durch die eingebuchten Gruppenmitglieder. Vielmehr muss die aussendende Stelle zuvor festlegen, über welche Basisstationen beziehungsweise Zellen ein solcher Rundruf ausgesendet werden soll. Das heißt, es wird eine sogenannte Rundrufzone definiert, in der das Signal ausgesendet werden soll. Teilnehmer, die zum Zeitpunkt des Aussendens des Rundrufs nicht in den ausgewählten Zellen eingebucht sind, empfangen den Rundruf nicht. Tritt während eines laufenden Rundrufs ein Funkgerät in die Rufzone des Rundrufs ein, so wird dieser durch Anzeige am Funkgerät aufgerufen, diesem gerade laufenden Rundruf beizutreten. Verlässt ein Funkgerät während eines laufenden Rundrufs die Rufzone, das heißt, erfolgt ein Wechsel in eine Zelle, die nicht zur Rundrufzone gehört, so wird die Übertragung des Rundrufs für diesen Teilnehmer beendet.

Da sich der Broadcast Call nicht an bestimmte ausgewählte Funkgeräte richtet, können die den Rundruf empfangenden Geräte diesen auch nicht quittieren.

Die beiden Rufarten des Rundrufs – Durchsageruf und Katastrophenalarm – unterscheiden sich nur durch die Priorität, mit der sie ausgestrahlt werden. Ein Durchsageruf wird nur ausgestrahlt, wenn die entsprechende Ressource in der jeweiligen Zelle zur Verfügung steht. Das heißt, es ist durchaus vorstellbar, dass in einem Teil der zur Rufzone gehörenden Zellen der Ruf wegen fehlender Ressource nicht ausgestrahlt wird.

Im Gegensatz dazu hat der Katastrophenalarm verdrängende Priorität und wird in jedem Falle zugestellt. Der Katastrophenalarm hat die höchste Priorität und ist in Bezug auf die Priorität dem Notruf gleichgestellt.

**Zusammenfassung:** Der Digitalfunk stellt in Notfallsituationen dem Nutzer mehrere verschiedene Möglichkeiten zum Absetzen eines Notrufs zur Verfügung. Beim klassischen Notruf baut das Funkgerät eine direkte Verbindung zu einem vorgegebenen Notrufziel (in der Regel die Leitstelle) auf. Ein Notruf stellt im TETRA-Netz den Ruf mit der höchsten Priorität dar. Dadurch wird sichergestellt, dass ein Notruf immer einen freien Kanal findet. Zusätzlich zur Leitstelle werden bei einem Notruf auch alle übrigen Mitglieder einer Gruppe über den abgesetzten Notruf akustisch sowie durch entsprechende Signale im Display informiert. Neben diesem Notruf bestehen weitere bevorzugte Rufe, bei denen mit höherer Priorität Nachrichten abgesetzt werden können.

## 6.6 TETRA-Statusdienst

Der TETRA-Statusdienst dient der Übermittlung von Statusmeldungen von Einsatzfahrzeugen an die zuständige Leitstelle. Dabei handelt es sich um Standardmeldungen, die sich stets bei jedem Einsatz wiederholen. Meldungen wie zum Beispiel „Ankunft am Einsatzort“ werden durch einen Tastendruck automatisch übermittelt und von der Leitstelle ausgewertet und dokumentiert. Im Gegenzug kann die Leitstelle auch Anweisungen an jedes Endgerät zurücksenden.

Eine weite Verbreitung hatte der Status im BOS-Analogfunk bei den Rettungsdiensten, bei hauptamtlichen Feuerwehren sowie der Polizei. Bei vielen Hilfsorganisationen und Feuerwehren wurde dieses System damals aus Kostengründen nicht flächendeckend eingeführt. Es bedurfte einer Umrüstung bzw. Erweiterung der 4-m-Endgeräte, sodass es möglich ist, einen Status als eine Ziffer zwischen „0“ und „9“ über das Endgerät zu übermitteln.

Für die Feuerwehren sind die Status „0“ bis „5“ von Bedeutung. Die Status „6“ bis „9“ finden hauptsächlich im Rettungsdienst Verwendung.

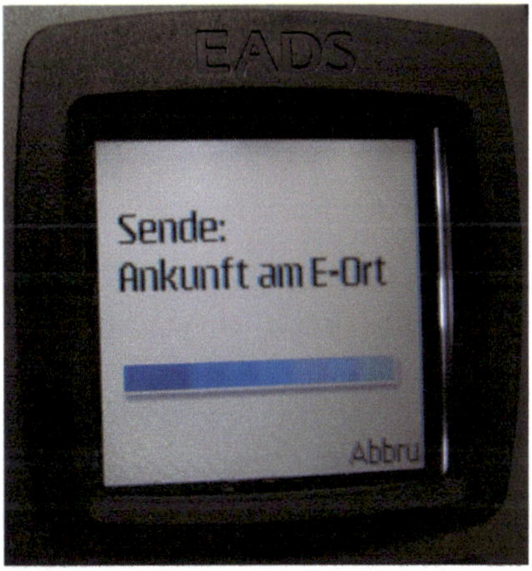


**Abbildung 33:**
Status E-Ort an (Quelle: Linde/Demel)

Seit der Nutzung des Digitalfunks steht allen TETRA-Endgeräten ein Ziffernblock zur Verfügung. Dieser wird genutzt, um bei den BOS im TETRA-Netz Statusmeldungen abzusetzen. Dabei erfolgte eine Orientierung an den verwendeten Status des BOS-Analogfunks. Folgende Tabelle zeigt die möglichen Status im BOS-TETRA-Netz, welche ein Endgerät an die zuständige Leitstelle übermitteln kann.

| Status | Bedeutung |
|---|---|
| 0 | Sprechwunsch-Priorität |
| 1 | Einsatzbereit Funk |
| 2 | Einsatzbereit Wache |
| 3 | Einsatzübernahme |
| 4 | Einsatzort |
| 5 | Sprechwunsch |
| 6 | Nicht einsatzbereit |
| 7 | Einsatz gebunden |
| 8 | Bedingt verfügbar |
| 9 | Quittung/Fremdanmeldung |

**Tabelle 2:**
Statusübersicht

Neu ist hier der Status „0“. Im Analogfunk war dieser für den Notruf belegt. Da bei allen TETRA-Endgeräten eine Notruftaste vorgesehen ist, war dieser Status verfügbar. Der Status „0“ wurde als Ergänzung zu dem Status „5“ – Sprechwunsch – eingeführt. Er ermöglicht eine besondere Signalisierung eines priorisierten Sprechwunschs in der Leitstelle *(siehe Kapitel 6.4)*.

**Hinweis:** Die Nutzung des Status „5“ ist zwingend erforderlich, um Kontakt mit der Leitstelle aufzunehmen. Es kann nicht sichergestellt werden, dass sich die Leitstelle gerade in derselben Gruppe wie der Anrufer befindet.

Als Anweisungen von der Leitstelle können die TETRA-Endgeräte die in nachstehender Tabelle 3 aufgeführten Status erhalten.

| Status | Bedeutung |
|---|---|
| A | Sammelruf/An alle |
| E | Eigensicherung |
| C | Melden |
| F | Telefon |
| H | Wache anfahren |
| J | Sprechaufforderung |
| L | Entlassen |
| P | Sonder-/Wegerecht |
| U | |
| c | |
| d | Positiv |
| hh | Standort? |
| oo | Negativ |
| uu | Gerät überprüfen |

**Tabelle 3:** Empfangsstatusübersicht

Diese Anweisungen können bei modernen TETRA-Endgeräten als Klartext im Display angezeigt werden.

Ein typischer Einsatz könnte folgendermaßen ablaufen. Nach der eigentlichen Alarmierung wird am Einsatzfahrzeug der Status „5“ betätigt. Nach dem Erhalt der Anweisung „J“ kann von der Leitstelle der Einsatzauftrag erfragt werden. Sollte die Leitstelle das Fahrzeug erreichen wollen, kann diese die Anweisung „C“ senden. Beim Ausrücken wird nun der Status „3“ betätigt. Sobald das Einsatzfahrzeug die Einsatzstelle erreicht hat, wird der Status „4“ an die Leitstelle übermittelt. Vor jeder Lagemeldung oder Rückmeldung an die Leitstelle ist wieder der Status „5“ zu betätigen und auf die Anweisung „J“ zu warten. Ist der Einsatz beendet und das Fahrzeug verlässt die Einsatzstelle, wird dies mit dem Status „1“ an die Leitstelle signalisiert. Ist das Fahrzeug wieder in der Unterkunft, wird abschließend der Status „2“ übermittelt.

Neben diesen bundeseinheitlichen Status steht es den Bundesländern frei, weitere Status, z.B. „10“ bis „99“, selbst zu definieren. So könnte zum Beispiel Status „37“ bedeuten: Habe Einsatz übernommen, Fahrzeug rückt mit sieben Einsatzkräften aus.

Die Tasten „*“ und „#“ können länderspezifisch als Sonderstatusmeldung oder mit einer Bedienerfunktion belegt werden. Eine typische Funktion wäre zum Beispiel „Tastensperre aktivieren“ oder „Einsatzauftrag abfragen“.

**Zusammenfassung:** Mit dem TETRA-Statusdienst besteht die Möglichkeit, taktische Kurzinformationen an die Leitstelle oder ein vergleichbares zuvor festgelegtes Ziel zu senden. Damit können unabhängig von laufenden Gruppengesprächen taktische Kurzmeldungen an die Leitstelle gesendet werden. Ebenso besteht die Möglichkeit, von der Leitstelle aus gezielt einzelnen Funkgeräten ebenfalls taktische Kurzinformationen zu senden. Im Gegensatz zu den damaligen eingesetzten analogen Funkgeräten ist das Funkmeldesystem bei TETRA-Funkgeräten integraler Bestandteil. Das heißt, jedes Funkgerät ist in der Lage, an der Status-Kommunikation teilzunehmen.

## 6.7 Kurznachrichten

Vergleichbar mit der Übermittlung von Kurzmitteilungen in einem Mobilfunknetz ist dies auch im TETRA-Netz möglich. Dieser Dienst wird als „Short Data Service“ (SDS) bezeichnet. Der SDS erlaubt die Übertragung von Kurznachrichten an einen oder auch mehrere Empfänger. Dabei können Kurznachrichten zunächst maximal eine Länge von 140 Zeichen haben. Jedoch ist eine Verkettung von Kurznachrichten möglich.

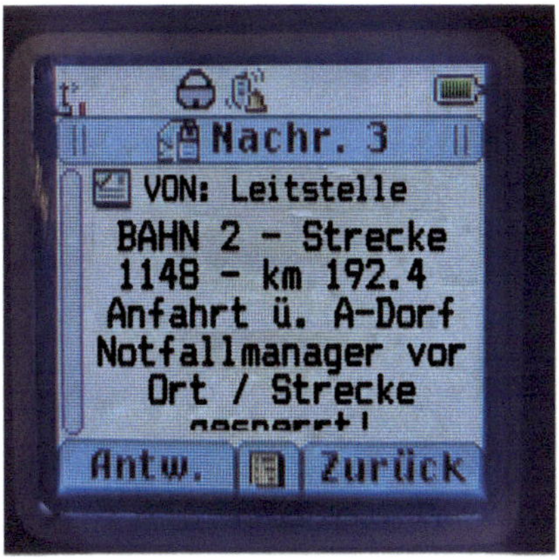


**Abbildung 34:**
Kurzmitteilung Einsatzinfos (Quelle: Demel)

Somit lassen sich beispielweise Einsatzaufträge, Einsatzkoordinaten oder wichtige Informationen an jedes Endgerät senden, welche im Nachrichteingang oder herstellerabhängig direkt auf dem Display angezeigt werden (Flash-SDS bzw. Home-Mode-Display).

Ist ein Endgerät über die Datenschnittstelle (Peripheral Equipment Interface – PEI) verbunden, lassen sich zudem schmalbandige Datenapplikationen betreiben. Begrenzt sind dann z.B. Telemetrieübertragung oder auch Fernabfragen und Fernsteuerungen möglich.

## 6.8 Alarmierung

Eine weitere Möglichkeit ist die Nutzung zur Alarmierung von Einsatzkräften. Dieser Dienst wird als „Callout" bezeichnet und basiert auf dem oben beschriebenen Kurznachrichtendienst. Der Dienst ist jedoch auf berechtigte Stellen (z.B. Leitstelle, ELW 2 o.ä.) beschränkt, sodass nicht willkürlich jeder jeden alarmieren kann.

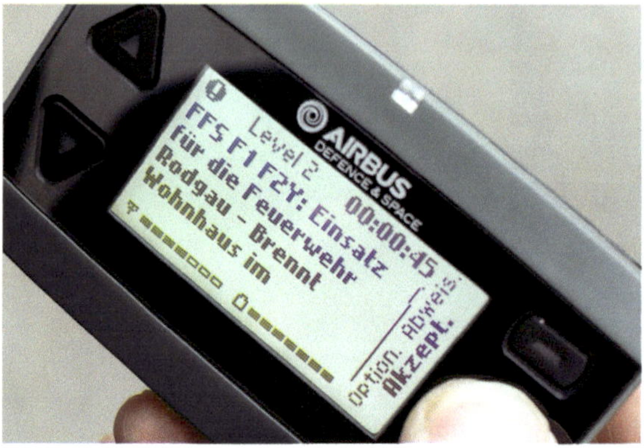


**Abbildung 35:**
Pager Alarmierung
(Quelle: Airbus)

Zunächst wurde die Alarmierung nur von einzelnen Ländern über TETRA-Pager (Paging Radio Terminal – PRT) realisiert. Bei den Pagern handelt es sich um eigenständige TETRA-Endgeräte. Eine Voraussetzung zur Nutzung ist daher eine gute Netzversorgung, insbesondere auch in Gebäuden, welche einen höheren Aufwand im Netzausbau nach sich zieht.

Da im Gegensatz zu früheren Funkmeldeempfängern ein Pager auch senden kann, sind Rückmeldungen möglich. Diese können automatisch erfolgen (z.B. Empfangsbestätigung der Alarmmeldung oder manuell wie z.B. „Komme“, „Komme in 10 Minuten“ oder „Komme nicht“). So kann frühzeitig ausgewertet werden, wie viele Einsatzkräfte für diese Alarmierung nach welcher Zeit zur Verfügung stehen.

Nach größeren Unwetterschadenslagen in Deutschland und einer veränderten Bedrohungslage in Europa wurde nun auch wieder verstärkt an den Ausbau und die zugehörige Ansteuerung von Sirenen gedacht. Zum einen, um Einsatzkräfte zu alarmieren, aber auch wieder die Bevölkerung effektiv zu warnen.

Für die Sirenenansteuerung wurde der Begriff „Tetra Sirenen Einheit“ (TSE) geprägt. In der Regel besteht eine TSE aus einem festverbauten Funkgerät (HRT), welches über die PEI-Schnittstelle an eine intelligente Auswert- und Steuereinheit angebunden wird, welche die Sirene ansteuern kann.

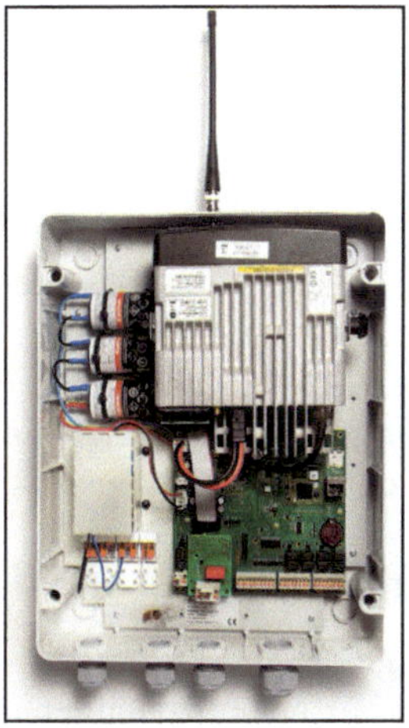

**Abbildung 36:**
TSE ATC2
(Quelle: Sirene24)

**Abbildung 37:**
TSE 902
(Quelle: HÖRMANN Warnsysteme)

Dabei lassen sich unterschiedliche Signale der Sirene, wie „Alarmierung Feuerwehr“, „Warnung“ oder „Entwarnung“ auslösen. Zudem besteht die Möglichkeit, bei digitalen Sirenen automatisierte Durchsagen anzusteuern oder Texte in Sprache (Text-To-Speech) ausgeben zu lassen.

Auch die TSE bieten die Möglichkeit der automatischen Rückmeldung. So lässt sich z.B. von der Leitstelle erkennen, ob die Sirene ausgelöst hat oder nicht. Auch kann die TSE aktiv melden, ob ein Defekt oder Fehlerfall vorliegt. Eine „laute“ Probealarmierung könnte entfallen.

## 6.9 Selbstkontrolle und Testfragen

(Lösungen siehe Seite 108)

**1. Erreicht im Netzbetrieb (TMO) jeder Notruf ein Notrufziel?**

a) Nein, wenn alle Gruppenmitglieder der Gruppe, in die das Notruf-Sende-Gerät eingebucht ist, ihr Funkgerät ausgeschaltet haben, wird dieser Notruf nicht bemerkt.
b) Ja, unabhängig von der gewählten Gruppe muss in jedem Funkgerät ein festes Notrufziel einprogrammiert sein, welches jederzeit erreichbar ist.

**2. Wie wird der Notruf an einem Funkgerät aktiviert?**

a) Der Notruf wird durch Senden des Status „0“ ausgelöst.
b) Jedes Funkgerät hat einen separaten deutlich sichtbar gekennzeichneten Notrufknopf.
c) Vor Aktivieren der Notruftaste muss der Bediener ein Notrufziel auswählen.

**3. Was passiert mit einem Notruf, wenn alle Funkkanäle besetzt sind?**

a) Der Notruf wird zwischengespeichert und sobald ein Funkkanal frei wird, ausgesendet.
b) Ein Notruf hat immer höchste Priorität, das heißt, sind alle Kanäle besetzt, wird das Gespräch mit der niedrigsten Priorität für den Notruf unterbrochen und der Kanal dem Notruf zugewiesen.
c) Sind alle Kanäle besetzt, wird der Notruf nicht ausgesendet. Dies wird dem Notruf sendenden Gerät im Display angezeigt.

4. **Bei welchen Funkgeräten wird ein ausgesendeter Notruf im Netzbetrieb (TMO) in jedem Falle signalisiert?**

a) Bei allen Funkgeräten, die in der Zelle eingebucht sind, in der auch das Notruf sendende Gerät eingebucht ist.
b) Bei allen Funkgeräten, die in der Gruppe eingebucht sind, in der auch das Notruf sendende Gerät vor Absetzen des Notrufs eingebucht war.
c) In der Leitstelle, die als Notrufziel im Funkgerät einprogrammiert ist.
d) Bei einem Funkgerät des Funkverkehrskreises.

5. **Welche Aussagen über den Katastrophenalarm sind richtig?**

a) Ein Katastrophenalarm wird an alle Funkgeräte einer zuvor festgelegten Rufzone ausgesendet.
b) Ein Katastrophenalarm wird an alle Funkgeräte, die einer Leitstelle zugeordnet sind, ausgesendet.
c) Ein Katastrophenalarm hat die gleiche Priorität wie ein Notruf.

6. **Wird in einem TETRA-Netz der Status über den Sprachkanal ausgesendet?**

a) Ja, das Aussenden eines SMS-Status unterbricht den Sprachkanal.
b) Nein, ein Status wird über den separaten Organisationskanal übertragen.

7. **An welches Ziel wird ein Status übertragen?**

a) Ein Status wird immer zur nächstgelegenen Leitstelle übertragen.
b) Ein Status wird immer zu der Leitstelle übertragen, in der das Funkgerät aktuell eingebucht ist.
c) Ein Status wird immer zu der Leitstelle übertragen, die in dem Funkgerät festgelegt ist.

# 7 Sicherheit

Ein System, welches der Kommunikation von Behörden und Organisationen mit Sicherheitsaufgaben dient, muss seinerseits einen hohen Anspruch an die eigene Sicherheit legen.

In erster Linie ist dabei das unerlaubte Mithören der über die sogenannte Luftschnittstelle (Funkübertragungsstrecke) übertragenen Informationen von Bedeutung. Bei dem damaligen von den BOS genutzten analogen Sprechfunknetz war ein derartiges Abhören vergleichsweise einfach. Grundsätzlich stellt die Verwendung eines digitalen Modulationsverfahrens eine gewisse Schwelle für ein unerlaubtes Abhören dar, jedoch sind heute schon universelle Empfänger unter 50 EUR zu erwerben. Jedoch sind diese Empfänger hierfür nicht allein ausreichend, da zusätzlich eine weitere Verarbeitung der empfangenen Daten und eine Umwandlung in Sprachsignale erfolgen muss. Da die eingesetzte Kodierung bei der Übertragung in einem TETRA-Netz bekannt ist, stellt diese Tatsache nur einen äußerst begrenzten Schutz für die Vertraulichkeit der Nachricht dar. Für eine effektive Sicherung der übertragenen Daten gegen unerlaubtes Abhören ist daher grundsätzlich eine Verschlüsselung der Funkübertragungsstrecken erforderlich.

Da die Funkstrecke – die Luftschnittstelle – für einen solchen Angriff besonders gefährdet ist, erfasst die TETRA-Verschlüsselung nur den Bereich der Luftschnittstelle. Man spricht daher auch von der Luftschnittstellenverschlüsselung.

Grundsätzlich betrachtet löst eine Verschlüsselung einer Nachricht das Problem der Sicherheit nicht. Sie verlagert das Problem lediglich in einen anderen Bereich. Durch Verschlüsselung verlagert sich dieses Problem bei der Übermittlung verschlüsselter Daten auf die Sicherheit des verwendeten Schlüssels. Im Jahr 2023 wurde bei der TETRA-Verschlüsselung eine erste Schwachstelle offengelegt.

Damit wird es zwingend erforderlich, dass sich jeder aktive Netzteilnehmer (jedes Funkgerät) eindeutig im Netz identifiziert. Nur so ist sichergestellt, dass der sicherheitstechnisch äußerst sensible Schlüssel nicht an Geräte übertragen wird, die im Netz nicht autorisiert sind. Dieser Identifizierung und Autorisierung dient in erster Linie der weiter oben beschriebene Einbuchungsvorgang beim Einschalten des Funkgeräts.

## 7.1 Luftschnittstellenverschlüsselung

Bei der Luftschnittstellenverschlüsselung erfolgt die erforderliche Verschlüsselung auf Basis der einzelnen Funkzellen. Das heißt, alle Mitglieder einer Gruppe, die in einer Zelle eingebucht sind, nutzen denselben Schlüssel. Diese Luftschnittstellenverschlüsselung erfolgt vollkommen transparent für den Nutzer. Der notwendige Schlüsselaustausch wird automatisch beim Aufbau der Gruppenkommunikation durch die Basisstation realisiert. Ein Eingreifen des Endgerätenutzers ist hierzu nicht erforderlich.

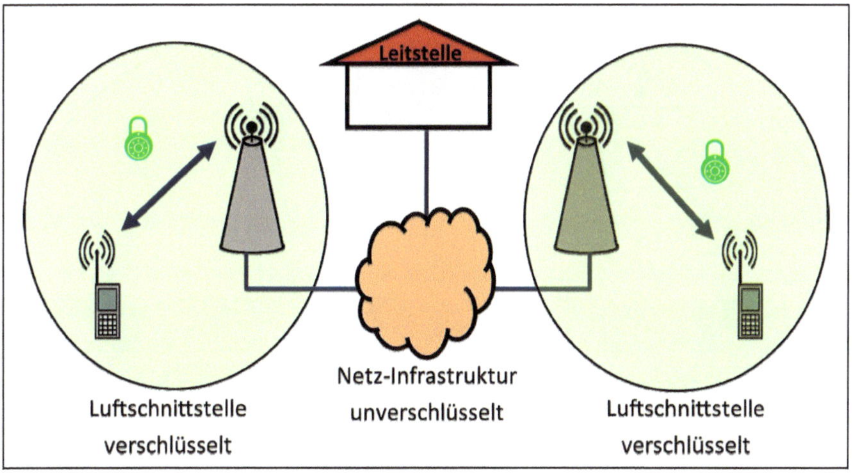


**Abbildung 38:** Luftschnittstellenverschlüsselung (Quelle: Demel)

Da die Luftschnittstellenverschlüsselung nur die Kommunikation zwischen Funkgerät und Basisstation erfasst, sind insbesondere für die Anbindung der Leitstellen keine zusätzlichen technischen Einrichtungen erforderlich, da in der Regel die Leitstellen über Kabelverbindungen direkt mit der Vermittlungsstelle verbunden sind.

## 7.2 Ende-zu-Ende-Verschlüsselung

Schon bei der Entwicklung des TETRA-Systems durch die ETSI wurden die möglichen Probleme, dass standardmäßig nur die Signale während der Übertragung über die Funkstrecke durch die systemseitig realisierten Verschlüsselungsmechanismen (Luftschnittstellenverschlüsselung) gegen unerlaubtes Mithören geschützt sind, erkannt. Daher wurde grundsätzlich die Möglichkeit einer Verschlüsselung der Daten über die gesamte Übertragungsstrecke, das heißt von Ende-zu-Ende, vorgesehen.

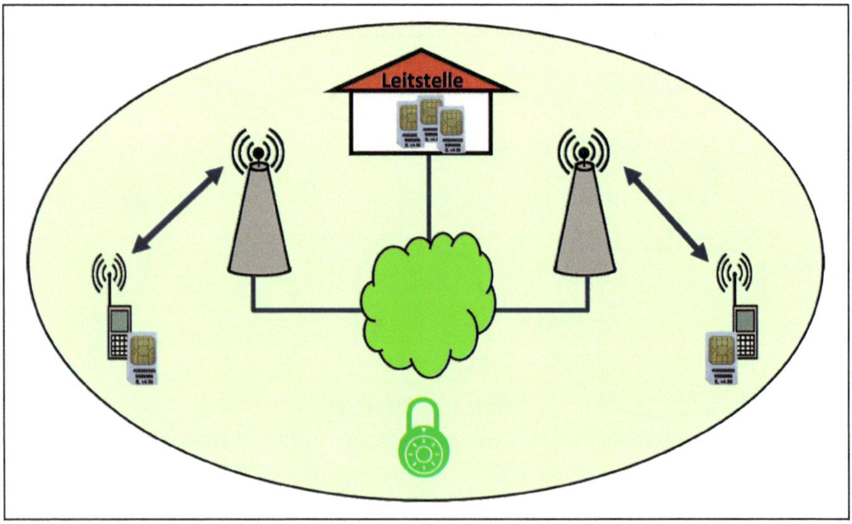


**Abbildung 39:** Ende-zu-Ende-Verschlüsselung (Quelle: Demel)

Die dazu erforderliche zusätzliche Hardware und Software wird jedoch nicht durch die ETSI-Spezifikationen abgedeckt. Lediglich eine Schnittstelle für den Anschluss von entsprechender Hard- und Software ist definiert. Damit obliegt es dem zukünftigen Betreiber eines derartigen Netzwerks, zusätzliche Technik für die Realisierung einer solchen Ende-zu-Ende-Verschlüsselung zu integrieren.

Im TETRA-Netz der BOS wird von dieser Möglichkeit Gebrauch gemacht. Die zusätzlich erforderliche Hardware und Software wird bei den im deutschen BOS-Netz eingesetzten Funkgeräten über eine zusätzliche sogenannte Kryptokarte (BOS-Sicherheitskarte) realisiert. Äußerlich entspricht eine solche BOS-Sicherheitskarte der vom Mobiltelefon bekannten SIM-Karte. Im Gegensatz zur SIM-Karte, die eine reine Speicherkarte ist, enthält die Kryptokarte einen speziell für die Verschlüsselung optimierten Prozessor mit zugehörigem Datenspeicher.

**Hinweis:** Für den Betrieb eines TETRA-Funkgeräts im TETRA-BOS-Netz ist eine BOS-Sicherheitskarte zwingend erforderlich. Ohne eine funktionierende Kryptokarte ist auch die Funktion des Notrufs nicht möglich.

Neben den zur Ende-zu-Ende-Verschlüsselung erforderlichen Informationen enthält diese Kryptokarte noch weitere für den Betrieb wichtige Informationen.

**Hinweis:** Wird die BOS-Sicherheitskarte einem Funkgerät entnommen und in ein anderes Funkgerät eingesetzt, so erhält dieses Funkgerät die operativ-taktische Adresse, die auf der BOS-Sicherheitskarte hinterlegt ist.

Da die Leitstelle ebenfalls ein weiteres Mitglied diverser Gesprächsgruppen darstellt, muss auch sie über entsprechende Kryptokarten verfügen. Dabei ist für jede aktive Gesprächsverbindung eine derartige Kryptokarte erforderlich. Um die Vielzahl der dabei erforderlichen Kryptokarten besser handhaben zu können, werden diese in der Leitstelle an zentraler Stelle in einer sogenannten Multi-Kryptokarte zusammengefasst.

## 7.3 BOS-Sicherheitskarten

Wie bereits oben dargestellt, ist die Ende-zu-Ende-Verschlüsselung nicht im Leistungsumfang eines Standard-TETRA-Netzes verfügbar. Daher muss jeder Netzbetreiber, der eine derartige Verschlüsselung wünscht, für die erforderliche Hardware und Software selbst Sorge tragen.

Diese Aufgabe wurde in Deutschland dem Bundesamt für Sicherheit in der Informationstechnologie (BSI) übertragen. Das BSI entwickelte auf der Basis einer industriell verfügbaren Kryptokarte die erforderliche Software sowie die zum Betrieb der Ende-zu-Ende-Verschlüsselung erforderliche Hardware. Neben der notwendigen Kryptokarte ist dies die zusätzlich erforderliche Netzinfrastruktur, die für die Verteilung der notwendigen Kryptoschlüssel erforderlich ist.

**Abbildung 40:**
BOS-Sicherheitskarte (Quelle: Selectric)

Neben den für die Verschlüsselung notwendigen Informationen trägt eine solche BOS-Sicherheitskarte weitere Informationen. Wichtig für den Anwender ist dabei die operativ-taktische Adresse (OPTA). Diese operativ-taktische Adresse entspricht in etwa dem heutigen Funkrufnamen.

Während die Daten wie Fleetmapping und elektronisches Telefonbuch (ETB) im Funkgerät selbst gespeichert werden, wird der Funkrufname, die operativ-taktische Adresse, auf der BOS-Sicherheitskarte abgelegt.

Für jedes im deutschen TETRA-Funknetz eingesetzte Funkgerät wird eine individuelle programmierte BOS-Sicherheitskarte benötigt. Diese Kryptokarte muss bei Beschaffung eines für das deutsche TETRA-Netz geeigneten Funkgeräts bei der dafür zuständigen Stelle der Netzverwaltung beantragt werden. Es ist möglich, die BOS-Sicherheitskarten mit dem Funkgerät zu „verheiraten“. Damit ist das Funkgerät nur mit der zugeordneten BOS-Sicherheitskarte nutzbar.

Es ist ausschließlich möglich, Funkgeräte, die die erforderliche Schnittstelle für die BOS-Sicherheitskarte hardwareseitig realisiert haben, einzusetzen. Diese Funkgeräte verfügen neben der Standard-TETRA-Zertifizierung über eine zusätzliche Zertifizierung für das deutsche TETRA-Netz.

**Zusammenfassung:** Vergleichbar der GSM-Mobiltelefonie verfügt der TETRA-Funk über eine leistungsfähige Verschlüsselung während der Übertragung der Signale über Funk. Bei der Übertragung der Daten zwischen den einzelnen Basisstationen, die in der Regel über ein Leitungsnetz erfolgt, ist eine Verschlüsselung der Daten standardmäßig nicht vorgesehen. Das BOS-Netz der Bundesrepublik Deutschland macht aber von der Möglichkeit Gebrauch, auch diese Übertragung durch eine sogenannte Ende-zu-Ende-Verschlüsselung zu sichern. Dazu wird im Funkgerät eine zusätzliche Komponente, die sogenannte BOS-Sicherheitskarte, benötigt. Im deutschen BOS-Netz ist der Betrieb eines Funkgeräts ohne diese Kryptokarte nicht möglich. Neben der Ende-zu-Ende-Verschlüsselung dient diese Karte auch als Träger der Geräte-Identifikationsdaten im Funknetz. Das heißt, über diese Karte wird dem Funkgerät eine eindeutige Geräteidentifikationsnummer, die Rufnummer für den Ziel-/Einzelruf sowie die OPTA (operativ-taktische Adresse = Funkrufname) zugewiesen. Eine solche BOS-Sicherheitskarte kann noch ohne weiteres in ein anderes Funkgerät eingesetzt werden, mit der Folge, dass dann dieses Funkgerät die entsprechenden Daten übernimmt und im Netz über die oben genannten Kennungen zu erreichen ist. Diese Funktion kann durch „Verheiraten" der Geräte unterbunden werden. Im Gegensatz dazu sind auf dieser Karte aber keine Merkmale wie statische Gruppen hinterlegt. Das heißt, diese Daten sind direkt im Funkgerät einprogrammiert und werden beim Wechsel der BOS-Sicherheitskarte von einem Funkgerät zum nächsten nicht mit übertragen.

## 7.4 Selbstkontrolle und Testfragen

(Lösungen siehe Seite 108)

**1. Welche Aussagen über Verschlüsselung sind richtig?**

a) Eine effektive Verschlüsselung ist nur in digitalen Übertragungsnetzen möglich.
b) Eine Verschlüsselung digitaler Funknetze ist absolut nicht zu brechen.
c) Im TETRA-Netz wird der Schlüssel regelmäßig gewechselt.

**2. Welche Aussage über die Luftschnittstellenverschlüsselung ist richtig?**

a) Die Luftschnittstellenverschlüsselung ist die Standardverschlüsselung eines normalen TETRA-Netzes.
b) Durch die Luftschnittstellenverschlüsselung sind die Daten auf dem gesamten Übertragungsweg gesichert.
c) Standard TETRA-Funkgeräte benötigen zur Luftschnittstellenverschlüsselung zusätzliche Hardware.

**3. Welche Aussage über die Ende-zu-Ende-Verschlüsselung ist richtig?**

a) Die Leitstellen sind von der Ende-zu-Ende-Verschlüsselung ausgenommen.
b) Für die Realisierung einer Ende-zu-Ende-Verschlüsselung ist zusätzliche Hardware in den Funkgeräten erforderlich.
c) Luftschnittstellenverschlüsselung und Ende-zu-Ende-Verschlüsselung nutzen den identischen Schlüssel.
d) Da nur die Funkgeräte der polizeilichen BOS Ende-zu-Ende-Verschlüsselung verwenden, ist eine Kommunikation zwischen Funkgeräten in der polizeilichen und der nichtpolizeilichen BOS nicht möglich.

**4. Welche Aussagen über die BOS-Sicherheitskarte sind richtig?**

a) Die BOS-Sicherheitskarte ist für eine Ende-zu-Ende-Verschlüsselung zwingend erforderlich.
b) Die BOS-Sicherheitskarten enthalten sowohl die für die Ende-zu-Ende-Verschlüsselung erforderliche Hardware wie auch Software.
c) Eine BOS-Sicherheitskarte entspricht der SIM-Karte beim Mobiltelefon.
d) Eine BOS-Sicherheitskarte kann nur in dem Funkgerät verwendet werden, für welches sie programmiert wurde.
e) Eine BOS-Sicherheitskarte wird nur für Funkgeräte der polizeilichen BOS benötigt.

**5. Welcher Zusammenhang besteht zwischen der BOS-Sicherheitskarte und dem Fleetmapping?**

a) Das Fleetmapping ist nur auf der BOS-Sicherheitskarte gespeichert.
b) Das Fleetmapping ist sowohl auf der BOS-Sicherheitskarte als auch im Funkgerät gespeichert.
c) Das Fleetmapping ist im Funkgerät gespeichert.
d) Beim Austausch der BOS-Sicherheitskarte von einem Funkgerät in das nächste wird das Fleetmapping in das neue Funkgerät mit übertragen.

# 8 Telefonie

Bei einem TETRA-Netz handelt es sich um ein um die Leistungsmerkmale des Gruppenrufs sowie die Möglichkeit zur netzunabhängigen Kommunikation zwischen zwei oder mehreren Funkgeräten erweitertes GSM-Mobilfunknetz. Somit beinhaltet jedes TETRA-Funknetz ein vollwertiges Mobiltelefonnetz.

Bei der Nutzung des Leistungsmerkmals Gruppenkommunikation hat der Nutzer keinen unmittelbaren Einfluss auf die zu einer Gruppe gehörenden Teilnehmer. Durch die Leitstelle beziehungsweise durch die Konfiguration des Fleetmappings in den Funkgeräten wird dieses vorgegeben.

Bei der Nutzung als Mobiltelefon obliegt die Wahl des Gesprächsteilnehmers ausschließlich dem Nutzer selbst. Ebenso wie beim GSM-Mobilfunknetz handelt es sich dabei immer um sogenannte Punkt-zu-Punktverbindungen. Das heißt, vor Aufbau einer derartigen Punkt-zu-Punktverbindung muss der Nutzer zunächst die Rufnummer des zweiten Gesprächsteilnehmers eingeben. Dies kann entweder durch direkte Eingabe erfolgen oder durch Auswahl des Gesprächsteilnehmers über das elektronische Telefonbuch (ETB), über welches jedes TETRA-Mobilfunkgerät ebenso verfügt wie jedes GSM-Mobilfunkgerät auch.

Telefongespräche finden im TETRA-Netz genauso wie in einem GSM-Netz im sogenannten Duplex-Betrieb statt. Dies entspricht dem Gegensprechen und wird teilweise synonym auch als Vollduplex bezeichnet.

Grundsätzlich ist für normale TETRA-Funkgeräte der nichtpolizeilichen BOS die Nutzung als Mobiltelefon nicht vorgesehen. Das heißt, die für die Telefonie erforderliche Berechtigung und die Netzübergangspunkte sind derzeit nicht verfügbar.

## 8.1 TETRA-Rufnummernsystematik

Jedem TETRA-Funkgerät ist eine eindeutige TETRA-Identifikationsnummer zugeordnet. Diese Identifikationsnummer beinhaltet neben der nationalen Kennung sowie der Netzkennung auch die individuelle Kennung des Funkgeräts im Netz. Diese individuelle Kennung entspricht der Rufnummer.

## 8.2 Netzinterne Rufe

Bei netzinternen Rufen im TMO-Betrieb handelt es sich entweder um den TMO-Zielruf oder den TMO-Einzelruf. Da diese bereits in den entsprechenden Kapiteln behandelt worden sind, ist an dieser Stelle eine erneute Beschreibung nicht erforderlich.

## 8.3 Rufe in Fremdnetze

Grundsätzlich stellt das TETRA-Netz der BOS ein aus Sicherheitsgründen von fremden Netzen getrenntes Kommunikationsnetz dar. Um die Möglichkeit zur Einwahl in fremde Netzwerke zu realisieren, die durch die TETRA-Standards ohne weiteres ermöglicht wird, sind entsprechende Übergänge in Fremdnetze, insbesondere das öffentliche Telefonnetz, erforderlich. Derzeit ist kein zentraler Übergabepunkt für die Einwahl in fremde Telefonnetze vorgesehen. Vielmehr kann es organisationsabhängig unterschiedliche Übergabepunkte in das öffentliche Telefonnetz geben. Für die Nutzung dieser Übergänge muss in das TETRA-Funkgerät eine spezielle Nummer zur Anwahl des entsprechenden Gateways, gefolgt von der gewünschten Zielrufnummer, eingegeben werden. Der Rufaufbau erfolgt analog zu dem bei dem Kapitel 8.2 „Netzinterne Rufe“ beschriebenen Verfahren. Um eine klare Kostenregelung zu erhalten, wären auch Telefon-Gateways in den jeweils zugehörigen Leitstellen möglich.

**Hinweis:** Für Rufe in Fremdnetze wird automatisch die Ende-zu-Ende-Verschlüsselung im TETRA-Funkgerät abgeschaltet, da eine gerufene Gegenstelle außerhalb des TETRA-Netzes nicht über eine entsprechende Kryptokarte, wie sie in jedem TETRA-Funkgerät zwingend erforderlich ist, verfügt. Die Abschaltung der Verschlüsselung erfolgt automatisch bei Aktivieren des Telefoniemodus.

Neben der Telefonie besteht auch die Möglichkeit, Verbindungen in andere Datennetze zu schalten.

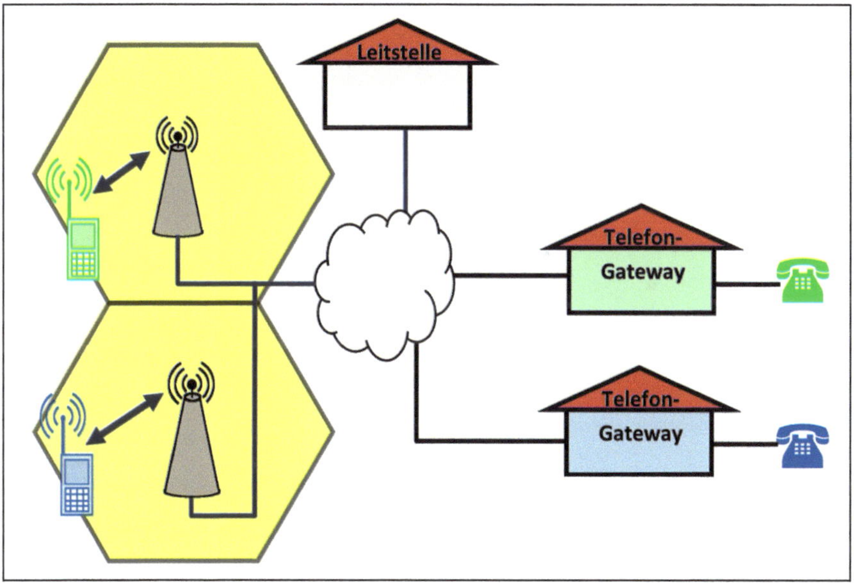


**Abbildung 41:** Telefon-Gateway (Quelle: Demel)

**Zusammenfassung:** Als technischer Abkömmling des GSM-Mobilfunks verfügt das TETRA-BOS-Funknetz ebenfalls über die Möglichkeit der Telefonie. Im Gegensatz zum GSM-Netz verfügt im TETRA-Netz nicht automatisch jedes Funkgerät über die Möglichkeit, auf die Telefonie zuzugreifen. Nur entsprechend berechtigten Geräten steht dieses Leistungsmerkmal zur Verfügung. Da im Gegensatz zum Funkgespräch ein Telefongespräch im Vollduplex-Modus (Gegensprechen) geführt wird, welches den Aufbau eines bidirektionalen Funkkanals zwischen Mobilteilnehmer und Basisstation erfordert, was einen erheblich größeren Ressourcenverbrauch bedeutet, wird dieses Leistungsmerkmal nicht generell allen Funkgeräten zur Verfügung stehen. Soweit ein Funkgerät über die Berechtigung zur Telefonie verfügt, stehen ihm alle aus der Mobiltelefonie bekannten Leistungsmerkmale auch im TETRA-Netz zur Verfügung.

## 8.4 Selbstkontrolle und Testfragen

(Lösungen siehe Seite 108)

**1. Welche Aussagen zur TETRA-Telefonie sind richtig?**

a) Jedes TETRA-Funkgerät besitzt die Berechtigung zur Telefonie.
b) Zur Nutzung des Leistungsmerkmals Telefonie benötigt ein TETRA-Funkgerät eine spezielle Berechtigung.
c) TETRA-Telefonie findet im Voll-Duplex-Betrieb (Verkehrsart Gegensprechen) statt.
d) Zur Nutzung des Leistungsmerkmals Telefonie muss ein TETRA-Funkgerät extra ausgestattet sein.
e) Bei der Nutzung des Leistungsmerkmals Telefonie in Fremdnetze wird die Ende-zu-Ende-Verschlüsselung deaktiviert.

**2. Welche Aussage zum TETRA-Telefonieren in Fremdnetze ist richtig?**

a) Die Telefonie in Fremdnetze ist mit Standard-TETRA-Funkgeräten nicht möglich.
b) Zur Telefonie in Fremdnetze muss die BOS-Sicherheitskarte aus dem Funkgerät entnommen werden.
c) Zur Telefonie in Fremdnetze muss die BOS-Sicherheitskarte durch eine GSM-SIM-Karte ersetzt werden.

# 9 Gerätekunde

Im Gegensatz zur damaligen analogen Funktechnik der BOS kennt die Technik der TETRA-Netze keine Unterscheidung in unterschiedliche Frequenzbereiche für Fahrzeugfunkgeräte und Handfunkgeräte. Fahrzeug- und Handfunkgeräte nutzen ein Netz und damit auch den identischen Frequenzbereich in dem sogenannten 70-cm-Band. Damit ist eine Kommunikation zwischen beiden Gerätetypen jederzeit möglich, soweit diese in derselben Gruppe eingebucht sind.

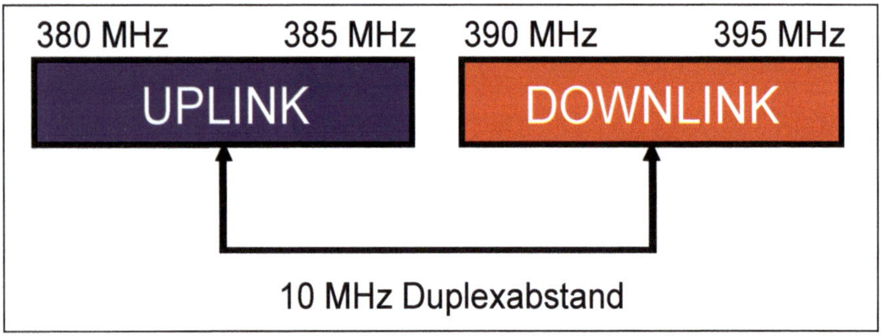


**Abbildung 42:** Duplexabstand (Quelle: Linde/Demel)

Der wesentliche Unterschied zwischen Handfunkgeräten und Fahrzeugfunkgeräten liegt in der Sendeleistung. Im Nachfolgenden finden Sie eine Aufstellung der gemäß ETSI-Standard genormten Sendeleistungsstufen für Mobilfunkgeräte, wobei Handfunkgeräte bis zur Sendeleistungsklasse 3 produziert werden. Diese Beschränkung der Sendeleistung liegt zum einen im Schutz der Gerätebediener vor elektromagnetischer Strahlung, zum anderen in der durch die Kapazität des Akkus begrenzten Sendezeit dieser Funkgeräte.

| Leistungsklasse | Leistung | Leistung |
|---|---|---|
| 1 | 30,0 W | 45,0 dBm |
| 1L | 17,5 W | 42,5 dBm |
| 2 | 10,0 W | 40,0 dBm |
| 2L | 5,6 W | 37,5 dBm |
| 3 | 3,0 W | 35,0 dBm |
| 3L | 1,8 W | 32,5 dBm |
| 4 | 1,0 W | 30,0 dBm |
| 4L | 0,56 W | 27,5 dBm |
| 5 | 0,3 W | 25,0 dBm |

**Tabelle 4:**
Leistungsklassen TETRA-Endgeräte

Alle nachfolgend beschriebenen Mobilfunkgeräte verfügen über eine entsprechende Schnittstelle zum Einsatz der BOS-Sicherheitskarte und sind somit Ende-zu-Ende-verschlüsselungsfähig. Während bei den Handfunkgeräten alle Komponenten in einem Gehäuse untergebracht sind, hat sich bei den Fahrzeugfunkgeräten in der Mehrzahl eine Trennung von Bedienungsteil und Sende-Empfangseinheit durchgesetzt. Damit ist es möglich, die Sende-Empfangseinheit abgesetzt von der Bedieneinheit in der Nähe der Antenne anzubringen und damit erhebliche Sendeleistungsverluste durch lange Antennenzuführungskabel zu verhindern. Ebenso ist es problemlos möglich, eine zweite Bedieneinheit, z.B. im Pumpenraum eines Löschfahrzeugs, anzuschließen.

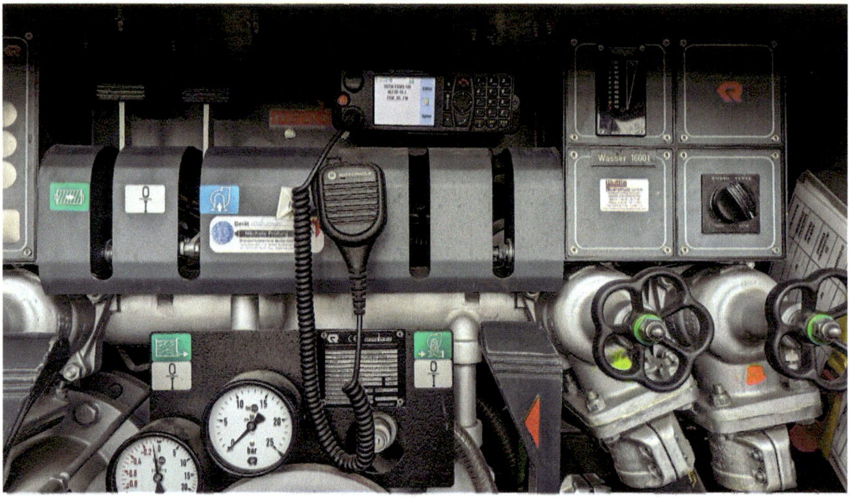

**Abbildung 43:** Einbaubeispiel – Pumpe HLF (Quelle: Demel)

**Abbildung 44:** Einbaubeispiel – Abgesetzte S/E-Einheiten (Quelle: Demel)

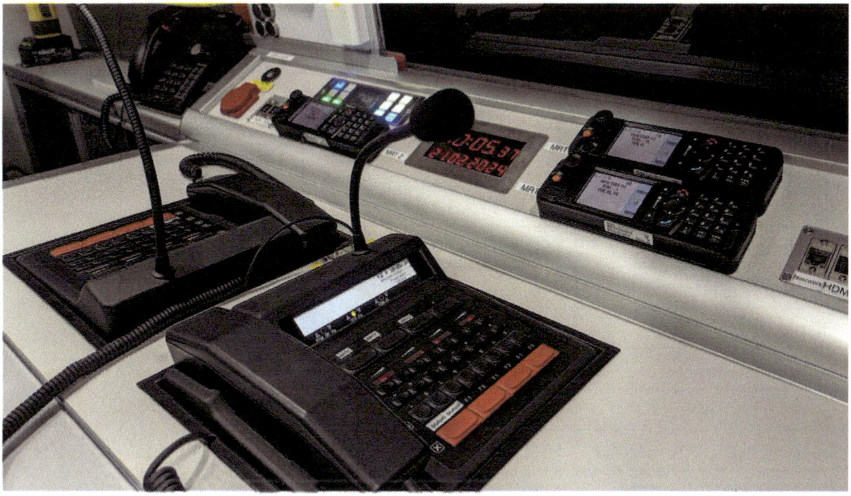

**Abbildung 45:** Einbaubeispiel – Abgesetzte Bedieneinheiten im ELW 1 (Quelle: Demel)

# 9.1 Handfunkgeräte (HRT)

## 9.1.1 Airbus – Secure Land Communications

**Tabelle 5:** Leistungsdaten Airbus TH1n

| Typ | TH1n |
|---|---|
| Abmessungen | 116 × 55 × 19 mm |
| Gewicht | 160 g |
| Display-Abmessungen | 240 × 320 Bildpunkte |
| Display-Typ | QVGA-262/144 Farben |
| Sendeleistung | Klasse 4/3L optional |
| Gesprächsgruppen-TMO | 3000 + 200 DGNA |
| Gesprächsgruppen-DMO | 1500 |
| Dual-Watch | nein |
| Datendienste | IP-Daten; WAP 2.0; AT-Befehle; Java |
| Repeater (nutzen/ agieren) | Ja/optional |
| Sicherheit | TMO bis Klasse 3G/ DMO SCK |
| Ende-zu-Ende-Verschlüs-selung | ja |
| Browser | XHTML |
| GPS integriert | ja |
| Akku | 1590 mAh Li-Ion oder 3180 mAh Li-Ion |
| Zellwechsel | Typ 1 |
| IP-Klassifizierung | IP 65 |

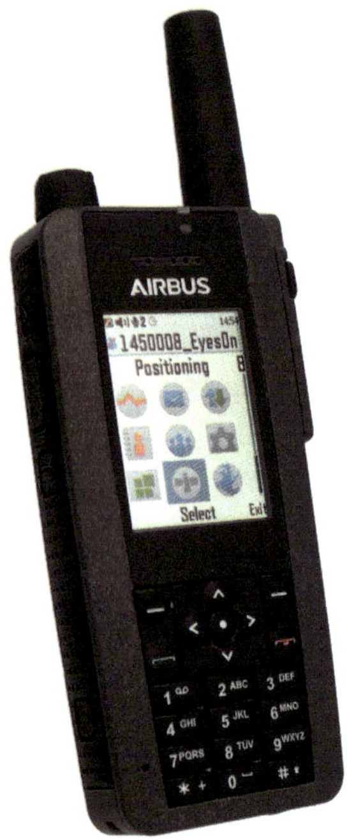


**Abbildung 46:**
HRT – TH1n
(Quelle: Airbus)

### 9.1.2 Motorola

**Tabelle 6:** Leistungsdaten Motorola MTP850 FuG (End-of-Life/abgekündigt)

| **Typ** | **MTP850 FuG** |
|---|---|
| Abmessungen | 125 × 50 × 33,5 mm |
| Gewicht | 215 g |
| Display-Abmessungen | 130 × 130 Pixel |
| Display-Typ | Farbe |
| Sendeleistung | Klasse 3 |
| Gesprächsgruppen-TMO | 2048 |
| Gesprächsgruppen-DMO | 1024 |
| PEI | Ja |
| Sicherheit | TMO bis Klasse 3/DMO SCK |
| Ende-zu-Ende-Verschlüsselung | ja |
| GPS | integriert |
| Akku | 950 u 1500 mAh Li-Ion |

**Abbildung 47:**
HRT – Motorola MTP850 FuG
(Quelle: Motorola)

**Abbildung 48:**
HRT – Motorola MTP830 FuG
(Quelle: Motorola)

### 9.1.3 Sepura

**Tabelle 7:** Leistungsdaten Sepura STP 8000 (End-of-Life/abgekündigt)

| Typ | STP8000 |
|---|---|
| Abmessungen | 133 × 61 × 31 mm |
| Gewicht | 185 g, ohne Akku |
| Display-Abmessungen | 176 × 220 Pixel (38 × 30 mm) |
| Display-Typ | Farb/Monochrom TFT Display 256.000 Farben |
| Sendeleistung | 1,8 W Class 3L |
| Gesprächsgruppen-TMO | bis zu 9000 Gr. in DMO + TMO in mehreren Ebenen |
| Gesprächsgruppen-DMO | dito |
| Dual-Watch | Nein |
| PEI | Ja (AT-Befehlssatz) |
| Sicherheit | Class 1, Class 2(SCK), Class 3 (DCK+CCK) |
| E2EE | Ja |
| Browser | WAP |
| Audioleistung | 1 W |
| GPS | GPS-Empfänger integriert (+ integrierte Antenne) + Unterstützung LIP-Format |
| Betriebssystem | Sepura eigen |
| Akku | 1170 mAh und 1790 mAh |
| Optionen | Repeater (Class 1A) Mithör- und Einsprechmöglichkeit, Bluetooth |
| Speicher | Durch Micro-SD-Karte auf bis 8 GB erweiterbar |
| Sonderfunktionen | Fernschaltung von über 96 Gerätefunktionen, über einfache Statusmeldungen |
| Schutzklasse | IP 55 (auch ohne Abdeckungen der Zubehöranschlüsse) |
| Mech. Eigenschaften | Interner stabiler Druckgußrahmen |
| Antennenanschluss | SMA |
| Audio-Zubehöranschluss | Vollwertiger Audioanschluss, PEI-Anschluss |

**Abbildung 49:**
F-HRT – Sepura STP8000
(Quelle: Sepura)

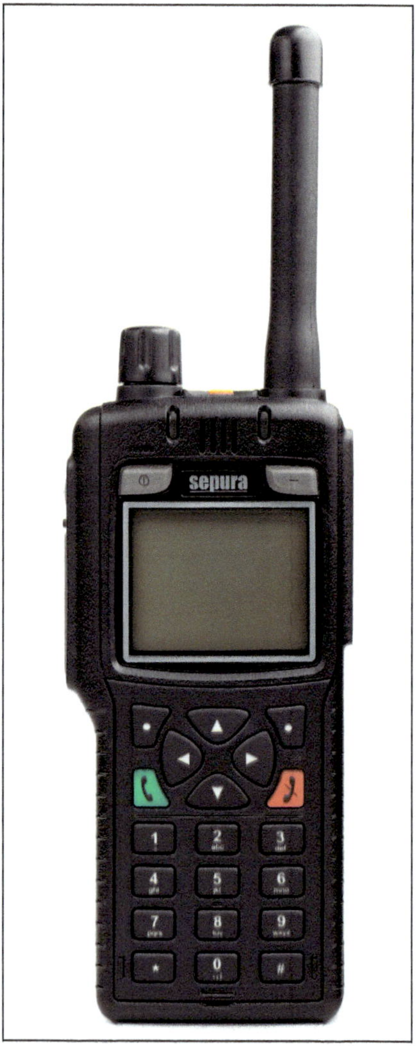


**Abbildung 50:**
HRT – Sepura STP8000
(Quelle: Sepura)

**Tabelle 8:** Leistungsdaten Sepura SC21

| Typ | SC21 |
|---|---|
| Abmessungen | 122,5 × 60 × 27 mm (Standardakku) |
| Gewicht | 194 g, ohne Antenne |
| Display Abmessungen | 320 × 240 Pixel (37 × 49 mm) |
| Display-Typ | Transflektives TFT Display 256.000 Farben |
| Sendeleistung | 1,8 W Class 3L |
| Gesprächsgruppen-TMO | bis zu 9900 Gr. in DMO+TMO in mehreren Ebenen |
| Gesprächsgruppen-DMO | siehe TMO |
| PEI | Ja (AT-Befehlssatz) optional |
| Sicherheit | Class 1, Class 2(SCK), Class 3 (DCK+CCK), Class 3G |
| E2EE | Ja |
| GPS | GPS-Empfänger Integriert (+ integrierte Antenne) + NMEA/ETSI (LIP) |
| Akku | 1160 mAh oder 1880 mAh |
| Optionen | Repeater (Class 1A), Mithör- und Einsprechmöglichkeit, Bluetooth |
| Sonderfunktionen/Optionen | Totmannschalter „Man-Down", Alleinarbeiterschutz |
| Schutzklasse | IP 65 |

**Abbildung 51:**
Sepura SC21
(Quelle: Selectric)

## 9.2 Fahrzeugfunkgeräte/stationäre Funkgeräte

Bei den Fahrzeugfunkgeräten (Mobile Radio Terminal – MRT) und den stationären Funkgeräten (Fixed Radio Terminal – FRT) handelt es sich in der Regel um die gleichen Endgeräte der jeweiligen Hersteller. Diese unterscheiden sich nur durch die Einbauvarianten und werden somit mobil oder stationär betrieben.

### 9.2.1 Airbus Defence & Space

**Tabelle 9:** Leistungsdaten TGR990 und TMR880i

| Typ | TGR990 | TMR880i |
|---|---|---|
| Abmessungen SE-Einheit | 44 × 168 × 125 mm | 60 × 188 × 125 mm |
| Abmessungen Bedienteil | 65 × 190 × 30 mm | 72 × 190 × 36 mm |
| Gewicht | 1500 g/250 g | 1004 g |
| Display-Abmessungen | 212 × 140 Pixel | 130 × 130 Pixel |
| Display-Typ | TFT, 65.536 Farben | TFT, 65.536 Farben |
| Sendeleistung | Klasse 3 | |
| Gesprächsgruppen-TMO | 2048 | 2000 |
| Gesprächsgruppen-DMO | 1024 | 180 |
| Dual-Watch | nein | nein |
| Gateway/Repeater | ja/ja | |
| Datendienste | IP-Daten; WAP 2.0; AT-Befehle; Java | |
| Sicherheit | TMO bis Klasse 3/DMO SCK | |
| Ende-zu-Ende-Verschlüsselung | ja | |
| Browser | XHTML | |
| GPS integriert | ja | |
| Zellwechsel | Typ 1 | |
| IP-Klassifizierung | IP 54 | IP 55 |

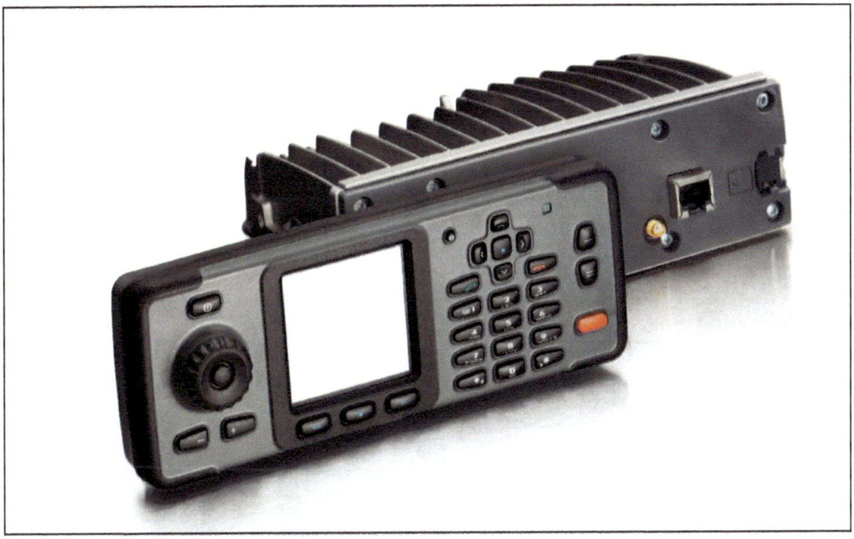

**Abbildung 52:** MRT – TMR880i (Quelle: Airbus)

**Abbildung 53:** MRT – TGR990 (Quelle: Airbus)

## 9.2.2 Motorola

**Tabelle 10:** Leistungsdaten Motorola MTM800 FuG

| Typ | MTM800 FuG |
|---|---|
| Abmessungen | 45 × 170 × 169 mm S/E-Einheit |
| Gewicht | 1070 g S/E-Einheit |
| Display-Abmessungen | 640 × 480 Pixel (VGA) |
| Display-Typ | Farbe |
| Sendeleistung | 10 W |
| Gesprächsgruppen-TMO | max. 8000 |
| Gesprächsgruppen-DMO | max. 8000 |
| Gateway-Modus | ja |
| Repeater-Modus | ja |
| PEI | TNP1 |
| Sicherheit | TMO bis Klasse 3/DMO SCK |
| Ende-zu-Ende- Verschlüsselung | ja |
| Browser | WAP |
| GPS | ja |

**Abbildung 54:** MRT – Motorola MTM800 FuG (Quelle: Motorola)

### 9.2.3 Sepura

**Tabelle 11:** Leistungsdaten Sepura SRG3900

| Typ | SRG3900 (S/E-Einheit) |
|---|---|
| Gewicht | 1180 g |
| Sendeleistung | 10W |
| Gesprächsgruppen-TMO | bis zu 9900 TMO und/oder DMO |
| Gesprächsgruppen-DMO | Siehe TMO |
| Gateway-Modus | Option |
| Repeater-Modus | Option |
| PEI | ja |
| Sicherheit | TMO bis Klasse 3/DMO SCK |
| Ende-zu-Ende-Verschlüsselung | ja |
| GPS | Option |

**Abbildung 55:** SRG3900 (Quelle: Selectric)

**Abbildung 56:** Bedienteil SCC3 für Sepura SRG3900 (Quelle: Selectric)

**Abbildung 57:**
Bedienteil HBC3 für Sepura SRG3900
(Quelle: Selectric)

## 9.3 Ex-geschützte Handfunkgeräte

**Abbildung 58:**
HRT – Motorola MTP850Ex
(Quelle: Motorola)

**Abbildung 59:**
HRT – THR ex
(Quelle: Airbus)

**Abbildung 60:**
HRT - Sepura STB8X
(Quelle: Selectric)

## 9.4 Pager (PRT)

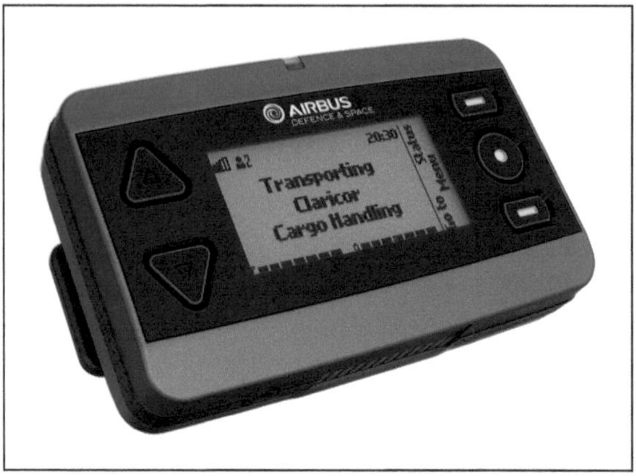


**Abbildung 61:**
Airbus Pager P8GR
(Quelle: Airbus)

# 10 Abkürzungen und Glossar

| | |
|---|---|
| Air Interface | (Luftschnittstelle) Standardisierte Schnittstelle zwischen Funkgerät und Basisstation. Das TETRA Air Interface ist in der ETSI ETS 300 392-2 standardisiert. |
| ASSI | Alias Short Subscriber Identity, Kurzform der ATSI |
| ATSI | Alias TETRA Subscriber Identity, eine temporäre Kennung, die vom TETRA-Netz vergeben wird, um eine sichere Übertragung zu gewährleisten |
| Basisstation | Ortsfeste Bestandteile der Funk- und Empfangsanlage im Mobilfunknetz; siehe BS/BTS/TBS |
| BDBOS | Bundesanstalt für den Digitalfunk der Behörden und Organisationen mit Sicherheitsaufgaben |
| Bit | Ein Bit bezeichnet im Binärcode (Nullen- und Einsen-Code beim Computer), eine Null oder eine Eins; vgl. Byte. |
| Bitfehlerrate | Bei der Übertragung eines Gesprächs im digitalen Funk wird es in Bits zerlegt. Einige Bits gehen verloren bzw. kommen zerstört an. Das ist so lange unbedenklich, wie eine gewisse Toleranzgrenze nicht überschritten wird. |
| BOS | Behörden und Organisationen mit Sicherheitsaufgaben |
| BS/BTS | Base (Transceiver) Station: Basisstation = Sende- und Empfangsstation mit omnidirektionalen oder sektorisierten Antennen (siehe auch TBS) |
| Bündelfunk | Mobilfunkdienst für innerbetriebliche Kommunikation; meist Halbduplex-Verfahren. Vorgänger für TETRA u. Tetrapol |
| Byte | Ein Byte besteht aus 8 Bits. Speichereinheit.<br>Größenangaben (aufsteigend): 1 Kilobyte = 1024 Bytes;<br>1 Megabyte = 1024 Kilobytes; 1 Gigabyte = 1024 Megabytes;<br>1 Terabyte = 1024 Gigabytes |
| DGNA | Dynamic Group Number Assignment; siehe Dynamische Gruppenbildung |
| Dispatcher | Person, die für eine oder mehrere Gruppen Aufgaben koordiniert und verteilt |

| | |
|---|---|
| DL | Downlink |
| DMO | Direct Mode Modus – Der Direktbetrieb, bei dem Teilnehmer direkt miteinander kommunizieren können, ohne eine Verbindung zur TETRA-Netzinfrastruktur aufbauen zu müssen |
| DMO-MS | Direct Mode Operation Mobile Station |
| Downlink | Funkverbindung von der Basisstation zum Handy; siehe auch Uplink |
| Duplex | Gleichzeitige Übertragung in zwei Richtungen; vgl. Halbduplex |
| DXT | Digital Exchange for TETRA – Vermittlungsstelle. Jede Vermittlungsstelle verwaltet mehrere Basisstationen und übernimmt die zugehörige Netzsteuerung |
| Dynamische Gruppenbildung | Die Leitstelle hat die Möglichkeit, Gruppen dynamisch einzurichten, zu modifizieren oder zu löschen. |
| E1 | Europäischer Primärmultiplexanschluss mit einer Bruttodatenübertragungsrate von 2048 kbit/s. Dies ermöglicht bis zu 240 TETRA-Kommunikationskanäle. Die Technik zählt vielmehr als veraltet und wird meist durch IP-Anbindungen ersetzt. |
| Einbuchen | Schaltet man das Gerät ein, so versucht sich das Gerät im Netz anzumelden. Beim Einbuchen werden verschiedene Daten an die Zentrale übermittelt. |
| Einzelruf Duplex | Punkt-zu-Punkt-Telefonie-Verbindung |
| Einzelruf Halbduplex | Der Einzelruf Halbduplex ist eine Punkt-zu-Punkt-Verbindung, bei der eine Partei spricht und die andere im gleichen Moment nur zuhören kann (Funk). |
| ETSI | European Telecommunications Standards Institute |
| Festnetz | Kabelgebundenes Telefonnetz |
| Flächendeckung | Maß für die Verfügbarkeit eines Funkdienstes. Eine Abdeckung von 100% ist nicht möglich. Gerade in bewaldeten Gebieten und im Gebirge sowie in dünn besiedeltem Gebiet muss mit mangelnder Funkversorgung gerechnet werden. Auch eine Versorgung in Gebäuden ist wegen der Kosten für das Sendernetz nicht zu 100 % möglich. |
| Fleetmapping | Fleetmapping bezeichnet das Konzept aus statischen und dynamischen Gruppen in einem Bündelfunknetz. |

| | |
|---|---|
| Funkkanal-Paar | Ein Frequenzpaar, das ein Gespräch ermöglicht; ein Kanal Downlink und ein Kanal Uplink. |
| Funkzelle | Jedes Funknetz besteht aus vielen kleinen Funkzellen. Eine Funkzelle ist dabei der Bereich, den ein Empfänger bzw. ein Sender des Netzes versorgen kann. |
| GPS | Global Positioning System |
| Gruppenruf Halbduplex | Der Gruppenruf ist eine Punkt-zu-Mehrpunkt-Verbindung, bei der eine Partei spricht und alle anderen an dem Gruppenruf Beteiligten zuhören. |
| GSM | Global System for Mobile Communication, (Europäischer) Mobilfunk Standard, weltweit verbreitet |
| GSSI | Group Short Subscriber Identity, Kurzform der Gruppenkennung ohne Ländercode und Netzwerkcode |
| GTSI | Group TETRA Subscriber Identity, eindeutige Gruppenkennung mit Ländercode und Netzwerkcode |
| Halbduplex | Ein Teilnehmer spricht, der andere hört; anderer Begriff für Wechselsprechen |
| Handover | Übergabe des Gesprächs von einer Funkzelle an die nächste |
| HKFZ | Hochkapazitäts-Funkzelle mit mindestens 15 Kanälen |
| HLR | Home Location Register: Heimatregister einer MSC. Hier werden alle Benutzerdaten wie MSISDN, IMSI, Dienste, Benutzername usw. gespeichert. Hier ruft das Netz alle wichtigen Informationen zum Teilnehmer ab. |
| IMEI | Die IMEI (International Mobile Equipment Identity oder Seriennummer) ist eine 15-stellige Nummer, mit der jedes Mobilgerät eindeutig identifiziert werden kann. Jede IMEI ist einzigartig. |
| IMSI | International Mobile Subscriber Identity: Teilnehmerkennung der SIM-Karte. Die Nummer befindet sich auf der SIM-Karte und im HLR, dient zur Identifizierung des Teilnehmers. Jede IMSI ist einzigartig. |
| Inhouse-Versorgung | Eine Versorgung auch innerhalb von Häusern oder anderen Gebäuden |
| IP | Internet Protocol |
| ISDN | Integrated Services Digital Network |

| | |
|---|---|
| ISO | International Organization for Standardization |
| ISSI | Individual Short Subscriber Identity, die Kurzform der ITSI ohne Ländercode und Netzwerkcode |
| ITSI | Individual TETRA Subscriber Identity |
| Kanal | „Leitung“ bei Funkübermittlung. Durch das Zeitschlitzverfahren lassen sich mehrere Gespräche auf nur einer Frequenz aufbauen. |
| kbit/s | Kilobits pro Sekunde, Maßeinheit zur Messung der Datenübertragungsgeschwindigkeit |
| LI | Line Interface |
| MCC | Mobile Country Code |
| MNC | Mobile Network Code |
| Modem | Ein Modem (MOdulator/DEModulator) ist ein Gerät, mit dem sich Daten per Telefonleitung bzw. Funkkanal übertragen lassen. |
| MS | Mobile Station |
| MSC | Mobile Switching Center: Mobilfunkzentralvermittlung. Die MSC verbindet Mobilfunkteilnehmer untereinander und mit dem Festnetz. |
| Netzabdeckung | Sie bezeichnet den Anteil der Bevölkerung, die mit einem bestimmten Netz versorgt wird, NICHT eine Landfläche! |
| NKFZ | Normalkapazitäts-Funkzelle mit min. 7 Kanälen |
| NOC | Network Operation Center |
| Paging | „Ausrufen“ ist der Sammelbegriff für Funkrufdienste. Dazu zählen Dienste wie Cityruf und Eurosignal. Hauptunterschied ist die Informationsrichtung zwischen Sender und Empfänger: Nachrichten sind nur in eine Richtung möglich. Simplex. |
| PDN | Packet Data Network |
| PDO | Packet Data Optimized |
| PEI | Peripheral Equipment Interface, Schnittstelle am Endgerät für Datenanwendungen, spezifiziert in ETSI ETS 300 392-5 |
| PIN | Personal Identification Number |
| Pre-Emptive Priority Call | Ein Ruf, bei dem der rufende Teilnehmer sofort einen Sprachkanal zugewiesen bekommt. |

| | |
|---|---|
| Prioritätsstufen | Die Ressourcen des Netzes werden entsprechend der Priorität, die der Teilnehmer erhält, verteilt. |
| SDS | Short Data Service. Funktion, die die Übertragung von kurzen Datenpaketen im TETRA-Netz ermöglicht (entspricht SMS im GSM). |
| Sendeleistung | Bezeichnet die Sendestärke (in Watt gemessen) eines Geräts, während es per Funk Daten versendet. |
| Serielle Schnittstelle | Die serielle Schnittstelle eines Computers ist dazu da, um das Gerät z.B. mit einem zweiten zwecks Datenaustauschs zu verbinden. Seriell heißen die Schnittstellen, weil die Daten bitweise übertragen werden, nur zwei Leitungen zur Verfügung stehen. |
| SIM | SIM (Subscriber Identification Module) oder SIM-Karte ist eine Karte, die einen Chip mit allen Daten enthält, die zum Betrieb des Mobilgeräts benötigt werden. Zu den Daten gehören u.a. Netzdaten, Group Short Subscriber Identity, International Mobile Subscriber Identity etc. |
| SMS | SMS (Short Message Service) ist ein Netzdienst, mit dem man Nachrichten von anderen Handys empfangen bzw. an andere Handys versenden kann. Eine Nachricht kann bis zu 255 Zeichen umfassen. |
| Status | Fest im Terminal programmierte Meldung, die innerhalb einer Flotte als 16-bit-Nachricht übertragen werden kann. |
| SwMI | Switching and Management Infrastructure |
| TBS | Tetra-Basis-Station |
| TEI | TETRA Equipment Identity |
| Terminal | Endgerät für ein Netzwerk, z.B. Handy oder PDA. Wird oft auch für Geräte genutzt, welche abhängig vom Netz sind, d.h. ein Gerät, welches das Netz benötigt, um arbeiten zu können. |
| TETRA | TEerestrial Trunked RAdio. Europäischer Standard für digitalen Bündelfunk. |
| TETRA Notruf | Höchst priorisierter Gruppenruf, bei dem im Bedarfsfall Netzressourcen freigemacht werden. |
| TMO | Trunked Mode Operation – Der Netzbetrieb, bei dem Teilnehmer über die TETRA-Netzinfrastruktur kommunizieren. |

| | |
|---|---|
| TMO-MS | Trunked Mode Operation Mobile Station |
| TSI | TETRA Subscriber Identity |
| Übertragungsrate | Bezeichnung der Geschwindigkeit bei Datenübertragungen gemessen in Bit pro Sekunde bit/s (engl. bps). Standard im GSM-Netz sind 9600 bps. |
| Uplink | Verbindung vom Handy zur Basisstation des GSM-Netzes |
| VLR | „Visitor Location Register“ ist die Besucherdatenbank, die bestimmte Informationen eines Mobilfunkteilnehmers beinhaltet, die für eine Gesprächsverbindung relevant sind. Bucht sich der Teilnehmer ein, werden die Daten mit dem Home Location Register (HLR) abgeglichen, und die wichtigsten Informationen werden dann im VLR zwischengespeichert. |
| Vollduplex | Datenübertragung, die gleichzeitig in Empfangs- oder Senderichtung innerhalb eines Kanals funktioniert. Anstatt Vollduplex wird meist auch einfach nur Duplex gesagt. |
| Warteschlange | Wenn bei Funkverbindungen alle Verkehrskanäle belegt sind, gelangen Verbindungswünsche in eine Warteschlange. |
| Zeitschlitz | Zeitschlitze sind periodisch wiederkehrende Zeitspannen eines digitalen Verfahrens, um auf einer Sendefrequenz (Funkkanalpaar) mehrere Gespräche gleichzeitig zu übertragen. Jedes Gespräch erhält jeweils einen Zeitschlitz zugewiesen, in dem die digitalisierten und komprimierten Sprach-„Pakete“ übertragen werden (vgl. TRX). |
| Zelle | Die kleinste Einheit des Mobilfunknetzes bezeichnet man als Zelle oder Funkzelle. |
| Zellulares Netz | Funknetz, das ein Handover zwischen seinen Funkzellen erlaubt und den Aufenthaltsort jedes Teilnehmers kennt. |

# 11 Literatur- und Quellenverzeichnis

LINDE, CHRISTOF: „Alles über den neuen digitalen BOS-Funk“, Franzis Verlag, Poing 2004

LINDE, CHRISTOF: „Aufbau und Technik des digitalen BOS-Funk“, Franzis Verlag, Poing 2008

ETS 300 392-2 (1995): „Radio Equipment and Systems (RES); Trans-European Trunked Mode (TETRA); Voice plus Data (V+D); Part 2: Air Interface“

ETS 300 396-6: Terrestrial Trunked Radio (TETRA), Direct Mode Operation (DMO), Part 6: Security (1998)

ETSI EN300 396-12: Terrestrial Trunked Radio (TETRA), Voice plus Data (V+D), Part 12: Supplementary services stage 3 Subpart 10: Priority Call (PC)

JOHN DUNLOP, DEMESSIE GIRMA, JAMES IRVINE: Digital Mobile Communications and the TETRA-System, JOHN WILEY & SONS, New York 1999.

GAN: Digitalfunknetz für die Behörden und Organisationen mit Sicherheitsaufgaben, Abschlussbericht der Experten aus Bund und Ländern, Gruppe Anforderungen an das Netz über die Leistungsmerkmale eines Mindeststandards und über die Bewertung der technischen Lösungen. Technischer Bericht, Zentralstelle zur Vorbereitung der Einführung eines bundesweit einheitlichen digitalen Sprech- und Datenfunksystems (ZED), Berlin, Oktober 2002

VON SCOTT, W. CADZOW: „TETRA-Sicherheit“ Funkschau 23/98

Innenministerium des Landes „Nordrhein-Westfalen, ARDINI Newsletter www.idf.nrw.de/projekte/ardini/.../ardin_newsletter

Bundesanstalt für den Digitalfunk der Behörden und Organisationen mit Sicherheitsaufgaben (BDBOS), https://www.bdbos.bund.de

# Lösungen

**Lösungen zu Kapitel 2.3:** 1. b); 2. c); 3. b), c); 4. b); 5. b)

**Lösungen zu Kapitel 3.4:** 1. b); 2. b); 3. c); 4. b); 5. a)

**Lösungen zu Kapitel 4.4:** 1. b); 2. c); 3. c); 4. b), c), a)

**Lösungen zu Kapitel 5.4:** 1. c); 2. b); 3. d), e), f)

**Lösungen zu Kapitel 6.9:** 1. b); 2. b); 3. b); 4. b), c); 5. a), c); 6. b); 7. c)

**Lösungen zu Kapitel 7.4:** 1. a), c); 2. a); 3. b); 4. a), b), c); 5. c)

**Lösungen zu Kapitel 8.4:** 1. b), c), e); 2. a)